无敌® 学生博识馆系列 **2**

SUPER EXTENSIVE KNOWLEDGE

Fishes

【可爱的**鱼**家族】

外文出版社

FOREIGN LANGUAGES PRESS

无敌®

学生博识馆系列 ②

可爱的鱼家族

图书在版编目(CIP)数据

可爱的鱼家族: 图鉴版 / 陈会坤编著.—北京: 外文出版社, 2013
(无敌学生博识馆. 第2辑)
ISBN 978-7-119-08162-5

Ⅰ.①认… Ⅱ.①陈… Ⅲ.①鱼类－青年读物 ②鱼类－少年读物 Ⅳ.①Q95-49

中国版本图书馆CIP数据核字(2013)第037490号

2013年6月第1版
2013年6月第1版第1次印刷

● 出　　版　外文出版社有限责任公司
　　　　　　北京市西城区百万庄大街24号
　　　　　　邮编：100037
● 责任编辑　吴运鸿

● 经　　销　新华书店 / 外文书店
● 印　　刷　北京博艺印刷包装有限公司
● 印　　次　2013年6月第1版第1次印刷
● 开　　本　1/32, 920×1370mm, 7.5印张
● 书　　号　ISBN 978-7-119-08162-5
● 定　　价　35.00元

● 总 监 制　张志坚
● 创意制作　无敌编辑工作室
● 撰　　稿　陈会坤
● 绘　　图　Berni, Borrani, Boyer, Camm, Catalana, Giglioli,
　　　　　　Guy, Maget, Major, Pozzi, Rignall, Ripamonti,
　　　　　　Sekiguchi, Sergio, Wright
● 执行责编　陈　茜
● 文字编辑　杨丽坤 陈婉 文静 李琳 欧世秀 庞思慧 霍栋梁
● 美术编辑　李可欣
● 版型设计　Kaiyun

● 行销企划　北京光海文化用品有限公司
　　　　　　北京市海淀区车公庄西路乙19号华通大厦B座
　　　　　　北塔六层　邮编：100048
● 集团电话　(010) 88018838(总机)
● 发 行 部　(010) 88018956(专线)
● 订购传真　(010) 88018952
● 读者服务　(010) 88018838转10(分机)
● 选题征集　(010) 88018958(专线)
● 网　　址　http://www.super-wudi.com
● E - m a i l　service@super-wudi.com

CONTENTS

目录

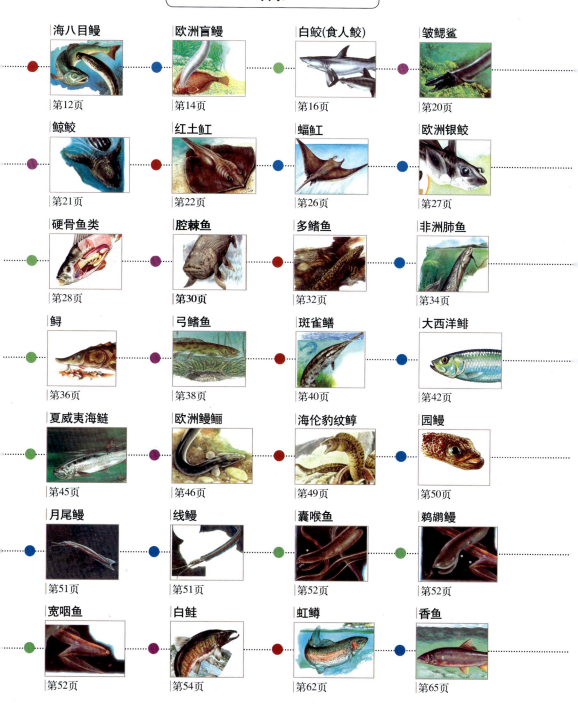

CONTENTS

CONTENTS

CONTENTS

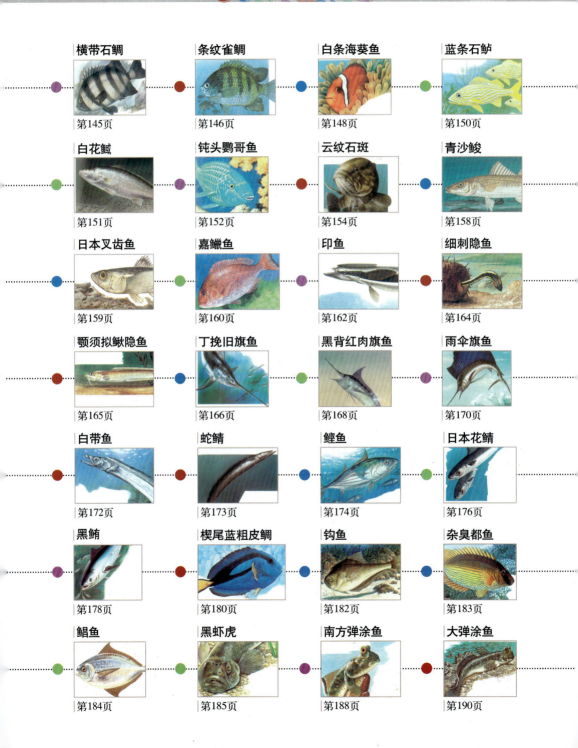

CONTENTS

关于鱼类

何谓"鱼"？想用一句话加以定义是十分困难的，较确切的定义是——用腮呼吸，用鳍在水中游泳，繁殖时留下许多子孙，通常要在水中觅食，以便维持发育的一群动物就是鱼，它亦是在地球上最早出现的脊髓动物。但是多达两万多种的鱼类未必都能符合上述的条件。

关于鱼的进化过程及系统，学者的意见各有不同。地球上现存的鱼的种类，也依学者而有不同的意见。现以主张约20000种的学者较多，但每年都有数十种的新种被发现。

有关鱼的鳍，原则上所谓垂直鳍包含背鳍、尾鳍、臀鳍等，然而有一些种类的背鳍又可分为二片或三片，甚至有些具有腹鳍。所谓水平鳍又可分为胸鳍、腹鳍，这是鱼的运动器官，但是有些鱼类的背鳍特别发达，有的背鳍却退化，有些种类具有发达的尾鳍，有些鱼类具有宽大而能跳出水面在空中滑行的胸鳍，胸鳍的一部分变化成为具有触觉的功能。鳍可说是鱼类为适应各种生活方式而多方面变化的结果。

腮是能高效率地吸入水中少量氧气的器官，生活在水中的鱼类为了呼吸就必须具有腮或类似腮的组织。

就食物而言，也因鱼的种类不同，其摄食的方法亦极富变化。与陆上的动物一样，鱼类的食物可分为肉食性、草食性、杂食性三种。而依食物的不同，口腔内的构造亦有所差异。

大部分的肉食性鱼，都具有发达的牙齿。人类的牙齿可以咀嚼食物，有补助消化的功用，然而鱼类的牙齿以猎取食物为第一目的，像鲨鱼的利齿有咬断大型食物的作用。大多数的鱼类都用牙齿来捕食，再将食物吞入肚内，在胃里消化，所以只要鱼还活着就必须不断换牙。

鱼的感觉器官中除了视觉、听觉、嗅觉、味觉、触觉之外，尚有鱼类特有的侧线器官。为了适应水中的生活，依各种鱼类的生活环境不同，有些器官必须特别发达，而有些器官则退化消失。鱼类不管眼睛多好，在水中总不如在空气中看得远，因此在水中生活的鱼类其听觉、嗅觉、侧线器官便成为比视觉器官还要重要的感觉器官，而且，各种感觉器官互相关连地发挥其功能，以维持鱼类的正常生活。

有些鱼类可以产下三亿个卵，有些种类却只能产下一条鱼，而一次产下上万上亿的鱼类，往往会因环境因素而大量死亡，能够孵化成幼鱼再长至成鱼的为数极少，而一次产卵较少的鱼类其生存率反而较高，这可说是大自然中生态平衡的重要因素之一。鱼类为生存而觅食、保护自己，为延续种族而繁殖后代。在任何鱼的生长过程中，我们都可以感觉到它们为求生存的努力态度。

海八目鳗

学名 *Petromyzon marinus*

全长 70厘米

在头上有一个鼻孔。

鳃，在里面呈袋形的原始形态，
鳃穴各7个，排列在眼睛的后面。

身体没有鳞片，包着
一层粘粘的液体。

[食物]

（鲑）

（鲭）

（鳕）

[八目鳗的身体]

背鳍

鳃

鼻孔

尾鳍

生殖突起
（产卵期的雄性）

肛门

口

八目鳗很独特吗？

　　八目鳗和一般的鱼类不一样，它没有颚。这是古代的鱼祖先所具有的特征之一。有些八目鳗在河川出生，然后游到海洋生活，也有的一生都在河川生活。口腔内生长很多的牙齿，成为圆形的吸盘，用以吸住大鱼、刮肉，并吸食大鱼整体的血。

八目鳗的生活

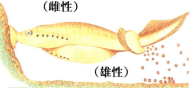

（雌性）

（雄性）

- 溯上河川的时期为初夏或秋天，依种类而异。在秋天里溯河的八目鳗，会和鲑一起游上河川，并挑选1米深以下和小石子多的地方，做产卵的温床，以诱引雌性。

○ **仔细看**

雄性是对向吸住岩石的雌性的后面，吸住雌性的鳃穴，并勒紧雌体。产卵后，雌性和雄性都会死。

[口(吸盘)的形态]

吸盘

舌

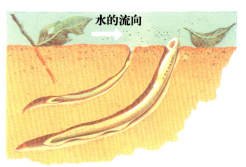

水的流向

- 八目鳗的幼虫叫做沙枪鳗，平时都潜进河底的泥土中，只伸出口，以吃浮游的生物或泥土中的有机物维生。

- 附有牙齿的舌，对着猎物的身体咬进去，并刮下肉或吸血。

■袖珍动物辞典

八目鳗

● 无颚纲 ● 八目鳗目

八目鳗的名称是因眼睛后面有7排鳃并列，乍看之下就像有8个眼睛而得名。

八目鳗和只生活在海上的盲鳗是不同的，它的繁殖一定在河川。初夏到秋天产卵，水温约在25℃，12天左右就可孵化。孵化后过着所谓沙腔鳗的幼生时期，但这时的幼体没有眼睛和吸盘。幼体在孵化后的3~5年的夏天到冬天，就能长出眼睛和吸盘。到海洋生活的所谓降海型的八目鳗，过数年后再回到河川上来，产卵后，生命便告结束。至于一生都在河川生活的陆地型，在变态后的次年春天产卵后也会死亡。

目前在世界上已知的八目鳗有30多种。

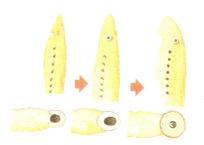

○ **仔细看**

[成长的状态(变态)]

眼睛和吸盘都长好。

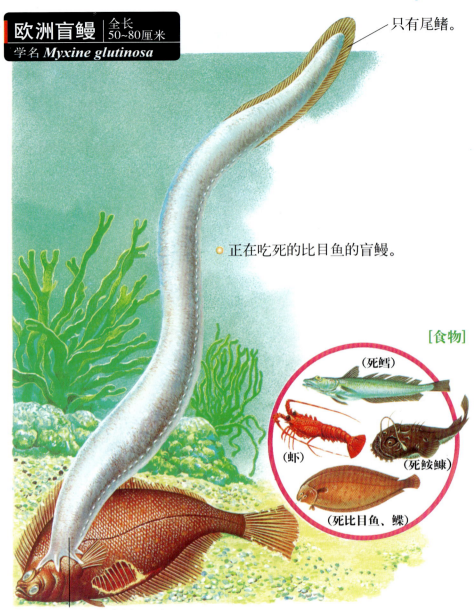

欧洲盲鳗
全长 50~80厘米
学名 *Myxine glutinosa*

只有尾鳍。

正在吃死的比目鱼的盲鳗。

[食物]

（死鳕）

（虾）

（死鮟鱇）

（死比目鱼、鲽）

有的眼睛生长在皮肤下面。

🐾 欧洲盲鳗和八目鳗有什么不同？

　　和八目鳗近缘，也是没有颚的原始鱼类。与八目鳗的不同之处是，欧洲盲鳗完全生活在海洋，而且是在约100米深的海底挖穴居住。不像八目鳗会攻击活的鱼类，而是以鱼类的尸体或被网捕到已衰弱的鱼类为食。经常从食饵的鳃或口腔进入，并将整体吃掉。

● 盲鳗的生活

[口的动作]

（闭上口时）

（张开口时）

○ 一排梳子般的牙齿，似韵律般的振动，刮鱼肉而食。

盲鳗的住处很像小火山，平时只伸出头来。

[结节行动]

○ 压住而打结。

身体缠绕像打结般，会弄掉体上的粘液，或吸住其肉。甚至被害敌捉住时，也用此法逃脱。

[渔业的敌人]

○ 遇上有钩鱼绳或刺网，而不能动弹的鱼，对准它的口或鳃一口吃进去，将肉全部吃掉，只剩下皮和骨。常有捕到鱼的鱼网，拉上一看，里面空空的，只有盲鳗在那儿盘绕。

● 已灭绝的八目鳗、盲鳗的同类

刺鳍鳗（甲皮类）

钝刺鳗（甲胄类）

○ 如八目鳗或盲鳗的无颚纲（没有颚的同类），是鱼类中最古老的种类，约5亿年前就出现在地球了。甲皮类或甲胄类，是泥盆纪（约4亿5000万年~3亿4500万年前）时所繁盛的无颚纲鱼类。

■ 袖珍动物辞典

盲鳗

● 无颚纲 ● 盲鳗目

盲鳗与八目鳗不同，无变态为它的特征。生活在水温10℃以下的海底，皮肤有感觉光线的器官。

白鲛(食人鲛) 全长 6~9米
学名 *Carcharodon carcharias*

[食物]

(鲔)

(鲣)　(鲭)

(鲑)

鲛类中最可怕的是哪一种？

鲛和鲭鱼或银鲛一样，骨是软骨，因此和软骨鱼属于同类。其祖先约在4亿年前出现，所以至今已经有一段很长的历史了。

鲛和普通的鱼类有很多不同的地方，许多学者正在研究其生态，并一致认为白鲛是鲛类中最可怕的一种，也因此被称为"食人鲛"。

[鲛的身体]
- 没有浮袋。

[鳞片的形状]
- 鲛鳞像盾形，所以被叫做盾鳞。

背鳍

喷水孔

尾鳍

有裂缝

鼻孔

口

臀鳍

鳃孔

胸鳍

腹鳍

骨是软骨

[鲛的牙齿]

鼻孔

🔵 仔细看

有数排并列的牙齿，当外边的牙齿掉落时，里边的牙齿就会突出来。

（突出的牙齿）

🔵 仔细看

由下面看，口和鼻的地方。

- 鲛的嗅觉相当灵敏，特别是能很快地闻到血液的味道，如鲸鱼被捕杀，从很远的地方它都能闻味而赶到。

- 平时鲛都在离海岸相当远的海洋中生活，但一旦肚子饿时，就会接近海岸，有时会袭击正在游泳的人。

[卵胎生的鲛]

多数种类的鲛是卵胎生，卵在雌性的腹中，等到孵化后才出来。有些棘鲛，其幼鲛在母体中生活长达一年之久。

- 还附带着卵黄囊而出生的棘鲛。

各种的鲛

鲛的同类——软骨鱼类

尖吻鲭鲛

太平洋鼠鲨

鼬鲛

大青鲨

象鲛

狐鲛

鲸鲛

魟鱼

银鲛

白丫髻鲛

星鲨

斑猫鲛

棘角鲨

锦斑猫鲛

日本锯鲛

日本须鲛

灰六鳃鲛

剑吻鲨

日本异齿鲛

蒲原氏拟锥齿鲨

皱腮鲨

云斑琵琶鲛

19

皱鳃鲨 | 全长 2米

学名 *Chlamydoselachus anguineus*

◎ 生活在深海

（乌贼）

（章鱼）

[食物]

🔍 **鲛鱼中的"活化石"是哪一种鱼?**

　　皱鳃鲨是鲛鱼中最原始的一种，有"活化石"之称。

　　和普通的鲛类不一样，口不是附着在下方，而是在前方，侧面的线纹成沟状，鳃孔有6对，牙齿成"山"字形，很像约在4亿年前出现的鲛的祖先——枝齿鲛。

◎ 牙齿的形状

🟢 **仔细看**

尾鳍和古代的鱼相似，没有普通鲛类所具有的裂隙。

■袖珍动物辞典

皱鳃鲨

●软骨鱼纲 ●鲸鲛目 ●皱鳃鲨科
皱鳃鲨的体形很像胖的鳗，而隔着鳃的皮，像褶那样向外，在英语中有"花边鲛"之称。卵胎生，一次可生15胎，从受精到生产需要两年的时间。在日本相模湾(神奈川口)或骏河湾(静冈县)都能捕到。

[食物]

（浮游生物）

（稚鱼）

○ 口附着
　在前方。

○ 张开大口，将水和浮游生物一起吞进去，牙齿并没有作用。

鲸鲛是鱼类中体型最大的吗?

此种大鲛不但是鲛中的最大型，也是所有鱼类中最庞大的。但它的性情很温顺，将浮游生物和水一起吞进去后，用鳃过滤食用。

红土魟 全长 2~2.5米
学名 *Dasyatis akajei*

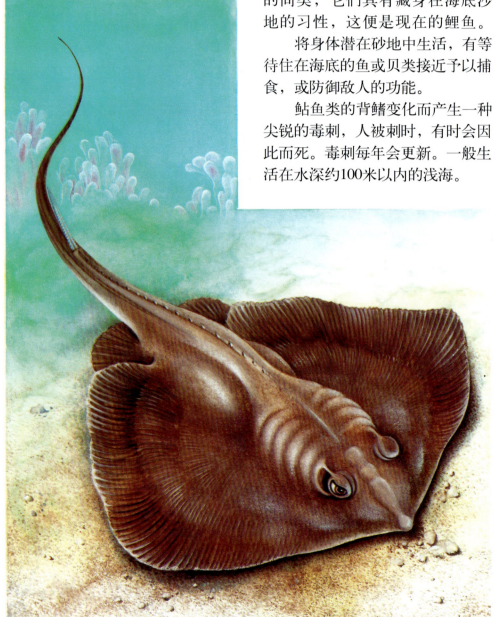

 鲤鱼是由哪种鱼进化而来的?

在中生代的侏罗纪(约1亿8000万年~1亿4000万年前)出现鲛的同类,它们具有藏身在海底沙地的习性,这便是现在的鲤鱼。

将身体潜在砂地中生活,有等待住在海底的鱼或贝类接近予以捕食,或防御敌人的功能。

鲇鱼类的背鳍变化而产生一种尖锐的毒刺,人被刺时,有时会因此而死。毒刺每年会更新。一般生活在水深约100米以内的浅海。

● 虹鱼的生活（红土虹）

[虹鱼的身体]

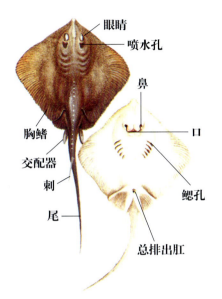

眼睛
喷水孔
鼻
口
胸鳍
交配器
刺
尾
鳃孔
总排出肛

○ 胸鳍如波浪般振动，游的速度相当快。

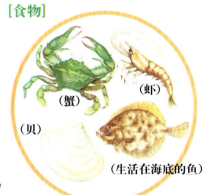

○ 红土虹是卵胎生，卵在雌体内孵化，卵黄囊变小时才生出来。腹中的幼鱼，从卵黄囊中吸收养分。

● 仔细看

红土虹的牙齿像臼一样，再坚硬的东西也能磨碎。

[食物]

（蟹）
（虾）
（贝）
（生活在海底的鱼）

[蝠虹]

是虹鱼类中最大的，有宽达8米的胸鳍，时常展开来，跳出海面。

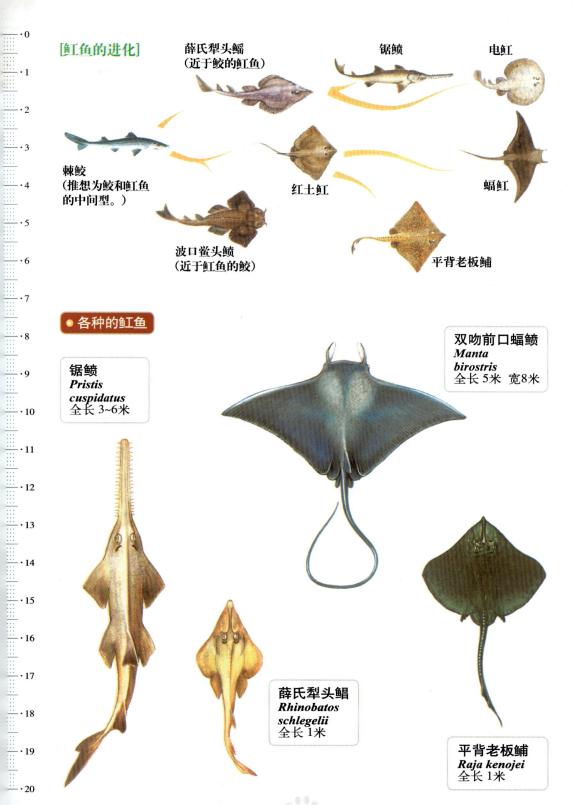

[魟鱼的进化]

薛氏犁头鳐
（近于鲛的魟鱼）

锯鳐

电魟

棘鲛
（推想为鲛和魟鱼
的中间型。）

红土魟

蝠魟

波口鲎头鳐
（近于魟鱼的鲛）

平背老板鲖

● **各种的魟鱼**

锯鳐
Pristis
cuspidatus
全长 3~6米

双吻前口蝠鲼
Manta
birostris
全长 5米　宽8米

薛氏犁头鲳
Rhinobatos
schlegelii
全长 1米

平背老板鲖
Raja kenojei
全长 1米

小老板鲕
Paja erinacea
全长
50~60厘米

斑纹电鳐
Torpedo marmorata
全长 1 米

红土虹
Dasyatis akajei
全长 2~2.5 米

燕虹
Myliobatis tobijei
全长 3 米
宽 1.5 米

日本燕虹
Gymnura japonica
全长 1 米 宽 1.5 米

■袖珍动物辞典

虹鱼

● 软骨鱼纲 ● 虹鱼目

虹鱼类推想是中生代侏罗纪(约1亿8000万年~1亿4000万年前)时鲛的同类进化而来的,适应海底的生活。头和躯体间没有界限,周围有胸鳍张开,如扇形,多数种类的尾巴像鞭子般细长。因为尾鳍已经退化,所以游水时,便利用胸鳍作像波浪形运动而前进。

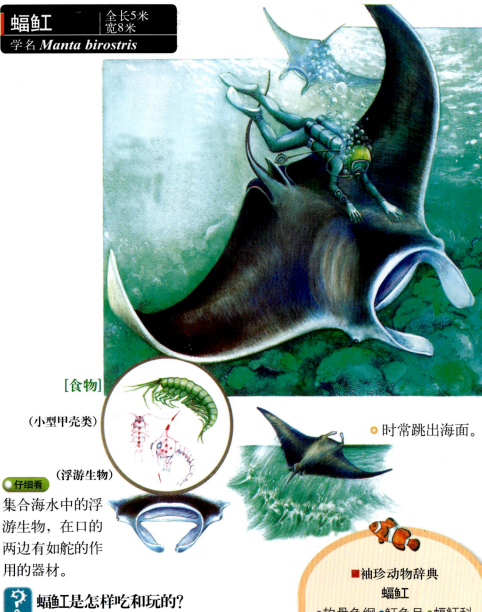

蝠鲼 全长5米 宽8米

学名 *Manta birostris*

[食物]

（小型甲壳类）

（浮游生物）

● 时常跳出海面。

仔细看

集合海水中的浮游生物，在口的两边有如舵的作用的器材。

蝠鲼是怎样吃和玩的？

和其他种类的鲼鱼不同，它专吃小型的浮游生物，张开大口，和水一起吞下，滤过海水而食。

利用特有的大鳍，像展开翅膀般慢慢振动，并在海面下悠闲地游水。有时会跳出海面，有时也会在空中翻筋斗，十分好看。

■袖珍动物辞典

蝠鲼

● 软骨鱼纲 ● 鲼鱼目 ● 蝠鲼科

是蝠鲼科中最大的种类，又名为毛毡鲼。它的口在头的前端并大开，利用口两边的耳朵状作突起摇动，而将水送进，以水中的浮游生物或虾过滤后为食。

欧洲银鲛 | 全长 1.5米
学名 *Chimaera monstrosa*

银鲛也是"活化石"吗?

银鲛是在大约3亿5000万年前，从鲛的祖先分出来的软骨鱼类，到目前有"活化石"之称。骨骼虽然和别的软骨鱼类同样是软骨，但鳃孔左右一对，并有鳃盖等，肛门与生殖口分开，亦具有硬骨鱼类的特征，是进化研究中不可或缺的重要鱼类。

背鳍的最前端有大型刺，能和硬骨鱼一样自由倒立，此刺有毒。

身体滑溜，没有鳞。

雄性的额上，有钩状突起。

[食物]

（蟹）

（贝）

（生活在海底的鱼）

鳃孔，左右一对。

牙齿是坚固的板形，适于吃硬的贝类或者是虾和蟹。

硬骨鱼类

[身体的外部]

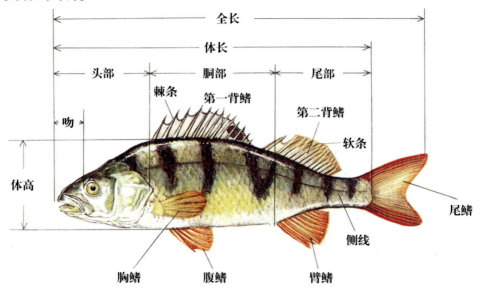

全长

体长

头部　　胴部　　尾部

棘条　第一背鳍

第二背鳍

吻

软条

体高

尾鳍

侧线

胸鳍　　腹鳍　　臀鳍

⚙️ 硬骨鱼类的名字是怎么来的？

　　硬骨鱼类是除了八目鳗、盲鳗、鲛、魟、银鲛等外，占所有鱼类中的大部分种类。鲛和魟鱼等的骨骼为软骨，但硬骨鱼的骨骼由硬骨形成，因而得名。此外，多数的种类具有鳔和鳃盖，为此种鱼类的特征。

🔴 银鲛的同类

尖吻银鲛
Harriotta
raleighana
全长 80~120厘米

■袖珍动物辞典
银鲛

●软骨鱼纲 ●全头亚纲 ●银鲛鱼目
银鲛是具有软骨鱼类和硬骨鱼类两种特征的鱼类，和鲛类不一样，因上额骨和头骨相连接，所以被分类为全头亚纲。
普遍生活在200米深的海底，而尖头银鲛是生活在600~2600米的深海。秋天时繁殖，在雌胎内受精的卵只有2个会被产出卵来。

[身体的内部]

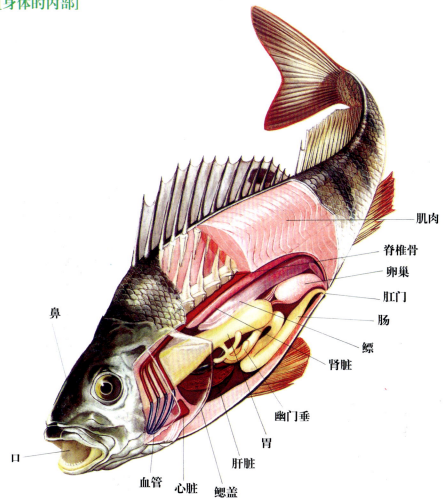

肌肉

脊椎骨

卵巢

肛门

肠

鳔

肾脏

幽门垂

胃

肝脏

鳃盖

心脏

血管

口

鼻

[硬骨鱼类鳞的种类]

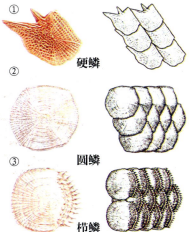

① 硬鳞

② 圆鳞

③ 栉鳞

① 硬鳞(菱形的硬鳞) ——多鳍鱼、鲟、
　弓鳍鱼、雀鳝等

② 圆鳞(圆形的鳞) ——鲱、大西洋大眼
　海鲢、鲑、鲤等

③ 栉鳞(小刺排列如栉状的鳞) ——鲻、
　鲈、鲷、鲽等

腔棘鱼 全长 1.8米
学名 *Latimeria chalumnae*

总鳍鱼类会走路吗？

在1938年，接近圣诞佳节的某一天，在非洲南部的科摩罗群岛附近捕到一条可以当"活化石"的鱼，而受到全世界的瞩目。此鱼被推测是在约3亿5000万年前出现，6500万年前即已绝灭的总鳍类(有穗边鳍的同类)中的一种腔棘鱼。总鳍鱼类不但能呼吸空气，而且能使用鳍来当做脚走路等，是鱼类由两栖类进化而来的重要证据之一。

● 腔棘鱼的同类

[移居到陆上和深海的形态]

● 约3亿5000万年前出现的腔棘鱼类住在淡水，鳔已经进化得像肺，有时可从水里出来，但只有生活在深海的同类生存下来，其余的种类都已绝灭。

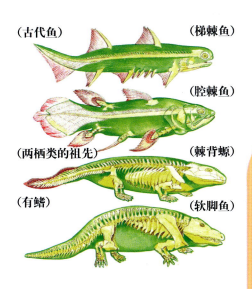

（古代鱼）　　　　（梯棘鱼）

（腔棘鱼）

（两栖类的祖先）　（棘背螈）

（有鳍）　　　　（软脚鱼）

● 包括腔棘鱼的总鳍鱼类，是鱼类到两栖间的桥梁，但现存的腔棘鱼进入深海，似是从这系统脱离而孤立生存下来的同类。

■袖珍动物辞典

腔棘鱼

●硬骨鱼纲 ●总鳍亚纲 ●腔棘鱼目

古生代泥盆纪末(约3亿5000万年前)出现的最初的陆生脊椎动物的祖先，为总鳍鱼类的一种，鳍的棘条呈空心状态，所以被叫做腔棘鱼。是以发现现存种的拉齐马女士的名字挂上去，故有*Latimeria chalumnae*的学名。

自1938年发现以来，已有约90条的腔棘鱼被捕获，但活的不易捕捉，被捕获的都用来做标本。

在日本川崎市读卖园地的海水水族馆可见到。

多鳍鱼 | 全长 60厘米
学名 *Polypterus ornatipinnis*

[食物]

（沙蚕）

（甲壳类）

（小鱼）

❓ 多鳍鱼是硬骨鱼类吗？

多鳍鱼被认为和肺鱼或腔棘鱼一样，具有长久历史而保存下来的"活化石"。被分类为硬骨鱼类，但却持有软骨、肠螺旋瓣、眼睛后面有喷水孔等软骨鱼类的特征。和腔棘鱼一样，胸鳍有柄，可以在水底爬行，使用和肺鱼一样发达的像肺的鳔袋来呼吸。分布在非洲中部的浅淡水区域。

[多鳍鱼的身体——它原始的特征]

- ● 软骨鱼类的特征
- ⊙ 肺鱼或肺棘鱼的特征
- ■ 硬骨鱼类的特征

多数的骨骼是硬骨，背骨在椎骨处。■
也有不少的软骨。●

背鳍是由多数的小鳍组成的，尾鳍的中心，像鲛的尾部一样，向上弯曲。

眼睛小，视力不佳。

喷水孔●

管形，鼻子很敏感。

肠有螺旋瓣。●

有像肺般的一对鳔。⊙

鳞的表面覆盖着珐琅性的硬鳞质，这是硬骨鱼鳞的原始形态。■

鳃比普通的鱼多一对。●

胸鳍，有柄。⊙

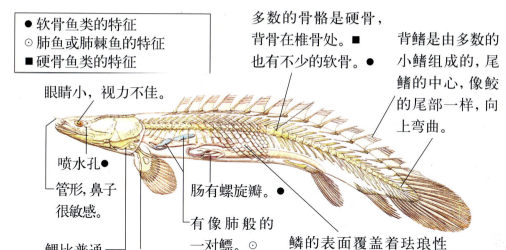

○ 平时用胸鳍支撑身体，抬头静止。捕捉食物时，采取这种姿势前进，脸突出并闻味道，再前进。依这种步骤，反复向前推进。

● 仔细看

[鳍的构造]

尾鳍是由臀鳍和背鳍连在一起所形成的。

背鳍的棘条
背鳍的软条

● 仔细看

[幼鱼的外鳃]

多鳍鱼的幼鱼有外鳃，和两栖类的外鳃相类似。

外鳃

胸鳃

■袖珍动物辞典

多鳍鱼

● 硬骨鱼纲 ● 多鳍鱼目 ● 多鳍鱼科

多鳍鱼科有多鳍鱼属和芦鳞鱼属两种，但都住在热带非洲的河川或湖的淡水中。

细长的身体像鳗，但和鳗不同，覆盖着一层菱形硬鳞。背鳍是由许多小鳍排列形成的，如刺立起，就像水旗般排列。胸鳍呈扇形具有柄，游水时，利用它来划水；在水底休息时，亦利用它来支撑身体。

另一特色是有一对鳔袋，具有和肺同样的功能，到了干旱期，在泥中作伪死状态，用鳔袋呼吸而生活。

繁殖期在6~9月的雨季，在繁茂的水草及浅水的地方产卵。

非洲肺鱼

全长 50~100厘米

学名 *Protopterus annectens*

○ 鳍像手脚般摆动。

肺鱼的肺发达吗？

　　肺鱼是一种和腔棘鱼类相近的淡水鱼。古代时，曾在地球上大量繁殖，现在仍有少数保存着其种族而遗留下来，可以说是一种"活化石"。诚如它的名称，肺鱼有很发达的肺部，部分种类即使没有水也能呼吸空气而生存。在水中，鳍能像脚一样支撑着身体。

● 各种类的肺鱼

澳洲肺鱼
Neoceratodus
forsteri
全长 1.8米

● 走路时

[食物]

（蛙）

（贝）

（鱼）

南美洲肺鱼
Lepidosiren
paradoxa
全长 1.4米

■ 袖珍动物辞典

肺鱼

● 硬骨鱼纲 ● 肺鱼目

肺鱼是早就起源的鱼，在古生代的泥盆纪到中生代的三叠纪(约4亿5000万年~1亿8000万年前)极盛，分布在地球的淡水区域。在鱼类进化的初期，已分歧而独自进化，所以和别的鱼类有很多不同的特性。现存的肺鱼中，以澳洲产的澳洲肺鱼为最原始，只有一个肺，在缺水时不能生存。反之，南美洲和非洲产的肺鱼，拥有一对肺，到了干燥期水干涸时，在泥土中，造茧包住身体，并用口吸入空气，用肺呼吸的方式，能生存有几个月，这叫做夏眠。

● 肺鱼的生活

● 胸鳍和腹鳍如上图，有骨骼贯穿其内，能在水中支撑身体，也能爬行。

鲟

全长
雄2米 雌6米

学名 *Acipenser sturio*

鲟有牙齿吗?

鲟推想是生活在古代泥盆纪(约4亿500万年~3亿5000万年前)的古代硬骨鱼,有"活化石"之称。持有像鲛的尾鳍,但具有鳔和鳃盖,此点又与鲛不同。口没有牙齿,猎到食物时,不必嚼就吞食下去。在淡水和海水中都可生活。

[食物]

(甲壳类)

(沙蚕)

(栖在海底的鱼)

● 从下面看鲟的口。

各种类的鲟

小体鲟
Acipenser ruthenus
全长 1米

匙吻鲟
Polyodon spathula
全长 1.8米

铲鲟
Scaphirhynchus platorhynchus
全长 1.5米

鲟的生活

仔细看

利用口前的4条口须，找寻水底中的食物。

○ 常刺激尾根部，尾根部便会脱落，同时不会有再生能力。

○ 生活在海上的鲟，一到秋天就上溯河川，在水底的石头下或水草边产卵，有的一次可产下200万~300万个之多。

仔细看

鲟的卵，出名的好吃。用盐腌的卵叫做"鱼子酱"。

■袖珍动物辞典

鲟

● **硬骨鱼纲** ● **鲟目**

是硬骨鱼，但骨骼多数是由软骨形成的。持有像鲛般的尾，和食道相接做肺功能的鳔袋等，有原始硬骨鱼的特征。具有菱形的硬鳞，大而硬计有5对，所以体面呈五角形。

平时在海洋或湖泊生活，到产卵时会上溯到河川，产在水底的卵3~7天就会孵化，全长1.5厘米的幼鱼经过1~3年就会游向海洋，到性成熟时，还需经过数年。

鲟目有鲟科和匙头鲟科两科。

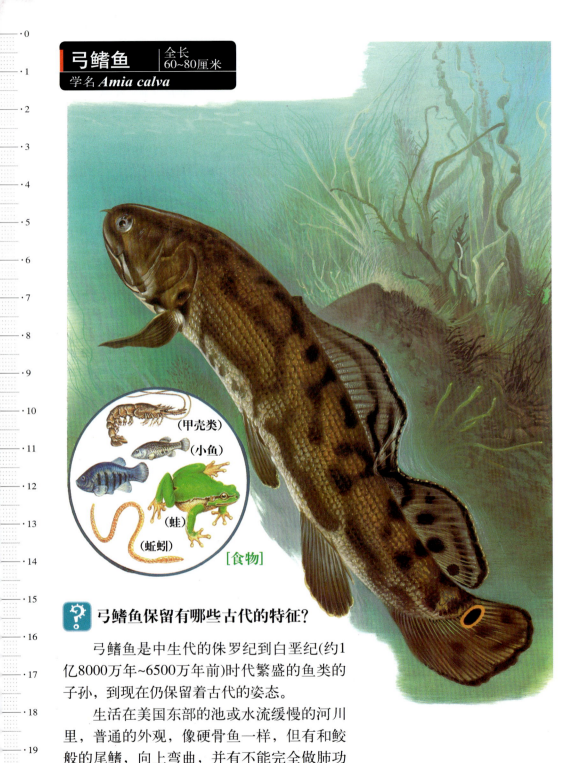

弓鳍鱼

全长 60~80厘米

学名 *Amia calva*

（甲壳类）

（小鱼）

（蛙）

（蚯蚓）

[食物]

❓ 弓鳍鱼保留有哪些古代的特征？

弓鳍鱼是中生代的侏罗纪到白垩纪(约1亿8000万年~6500万年前)时代繁盛的鱼类的子孙，到现在仍保留着古代的姿态。

生活在美国东部的池或水流缓慢的河川里，普通的外观，像硬骨鱼一样，但有和鲛般的尾鳍，向上弯曲，并有不能完全做肺功能的鳔袋等原始特征。

[弓鳍鱼的繁盛时代]

○ 弓鳍鱼出现在约1亿5000万年前，正值恐龙时代，种类很多，且繁盛的时候，在当时出现的还有针叶树和银杏等植物，鸟的祖先始祖鸟亦在此时出现。而现在弓鳍鱼只剩下一种。

弓鳍鱼的生活

○ 平时是用鳃呼吸，一旦体内的氧气欠缺时，会伸出水面作一口深呼吸，而吞下空气。

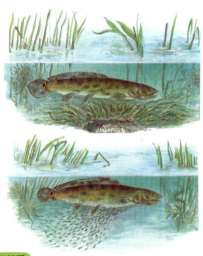

○ 仔细看

[照顾卵的雄鱼]

5月~6月时，雄性在浅水的地方将附近的草铲平，做成圆形的巢穴，而雌性便产卵于此。

雄性在附近守候，以保护卵，直到卵孵化成幼鱼时，才离开。

■袖珍动物辞典
弓鳍鱼
●硬骨鱼纲 ●弓鳍鱼目

在北美洲的密西西比河流域或五大湖附近，能见到的淡水鱼。

此种鱼类，在中生代时期最为繁盛，化石在世界各地都有发现，但现在只剩下弓鳍鱼一种。

此鱼的外观特征是：雄性的尾鳍根部有被黄色轮围着的黑斑纹，头部没有鳞，学名的calva为秃头的意思。

斑雀鳝

全长 1~1.2米

学名 *Lepisosteus oculatus*

雀鳝口尖如鳄鱼吗？

雀鳝和弓鳍鱼有近缘关系，是从古代就生存下来的鱼类。现在只分布在北美洲及其附近，而在古代时却分布在全世界各地的淡水区域，在欧洲曾发现1亿2000万年前的化石。

身体被菱形的硬鳞所覆盖，鳞质很硬，多数种类的口尖如鳄鱼。

（蛙）

（甲壳类）

（小鱼）

[食物]

● 仔细看

雀鳝的尾鳍，像弓鳍鱼一样向上弯曲，这是古代鱼所能见到的特征。

鳄雀鳝，有全长超过3米的身体，被称为"淡水的鲛"。

鳄雀鳝

在暖和的时候，像木材般地浮在水面上。

长吻雀鳝

短吻雀鳝

■袖珍动物辞典

雀鳝

●硬骨鱼纲 ●鳞骨鱼目 ●鳞骨鱼科

此类鱼和弓鳍鱼同样，是中生代后半期繁盛的鱼，但比起弓鳍鱼更具有显著的古代鱼特征。因此我们推想在更古老的时代已有出现。

分布在包括墨西哥、古巴的北美洲浅水区域，也有些生活在河口等的汽水(低盐分的水)区域。喜欢栖息在水浅而草多的地方，静待原处，等鱼群经过，能很敏捷将它们捕获。

[雀鳝的钓法]

用吊钩垂钓相当困难，所以用绳子编成圆圈状来捕捉。

大西洋鲱 全长45厘米
学名 *Clupea harengus*

（浮游性动物）

[食物]

鲱鱼是其他肉食鱼类爱吃的食物吗？

鲱鱼是生活在北太平洋或北大西洋的寒带至温带的回游鱼。

很早以前就被当成食用鱼，所以与人类有很密切的关系。其渔获量也很多，亦被作为其他肉食鱼类的食物，依据此点，便可知道这是一种很重要的鱼。

被推测为中生代（约2亿3000万年~6500万年前），从弓鳍鱼类的鱼分支进化而来的。大部分的鲱生活在海洋，部分种类在淡水区域产卵，也有的一生都在淡水中生活。

[鲱的身体——其原始特征]

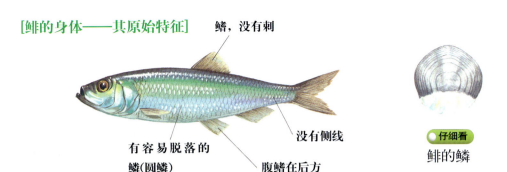

鳍，没有刺

没有侧线

腹鳍在后方

有容易脱落的鳞(圆鳞)

● 仔细看

鲱的鳞

鲱

● 鲱的生活(大西洋鲱)

● 每一条鲱能产4万~20万个卵。卵会下沉，附着在海底下的海藻等上面，等待着孵化。

● 成长到最大时，可达40~45厘米的体长。

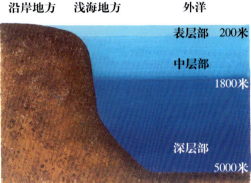

沿岸地方　　浅海地方　　　外洋

表层部　200米

中层部

1800米

深层部

5000米

[鲱的三种类型]

大西洋鲱有生活在外洋、大陆架(浅海地方)，及沿岸区等三种类型。生活在外洋的鲱，成长的也大。

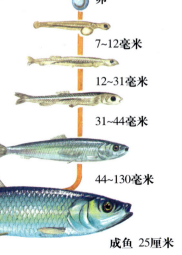

卵

7~12毫米

12~31毫米

31~44毫米

44~130毫米

成鱼　25厘米

🔵 鲱的同类

远东沙璃鱼
Sardinops melanostictus
全长 15~25厘米

黍鲱
Sprattus sprattus
全长 20厘米

美洲西鲱
Aloas sapidissima
全长 70厘米

日本鳗
Engraulis japonica
全长 15厘米

小沙钉
Sardinella allecia
全长 30厘米

鲱小沙钉
Sardinella clupeoides
全长 23~30厘米

🔴 鲱类的一种美国水滴鱼，到了繁殖时期会上溯河川。春天上溯河川而产卵，到了秋天，长成的幼鱼及双亲一同下河川出海。

■ **袖珍动物辞典**

鲱

●硬骨鱼纲 ●鲱目

鲱是以北太平洋、北大西洋及北海的世界三大渔场为中心的回游鱼。包含同类的鳀，分布于热带到南半球，在世界上的渔获量每年约1400万吨，占总渔获量的20%。

在日本近海到太平洋出现的鲱，其脊椎骨的数量比大西洋的鲱少。至于产卵特性的差别，大西洋鲱在春秋，卵产在比较深的水中，而太平洋的鲱只在春天(3~6月)于岸边附近产卵。

夏威夷海鲢 全长 30厘米
学名 *Elops howaiersis*

大西洋大眼海鲢（上）
Megalops atlanticus
全长 1~2.5米

[食物]

（乌贼）

（鱼）

夏威夷海鲢生性活泼吗？

夏威夷海鲢从鲱的祖先型而来，没有什么进化，是具有原始特征的鱼。因为要经过像鳗幼鱼时的叶形的幼生时期才会成长，因而和鳗也有密切的关系。分布在全世界的热带到亚热带区域的海上，在近海岸的海水和河水交汇区也有分布。是种生性活泼的鱼类，常会跳出海面。

[夏威夷海鲢的幼鱼时代的变态]

鳗的幼体

● 仔细看

从幼鱼时代变为成鱼的过程，其身体会一次次地变小。

■袖珍动物辞典
夏威夷海鲢
●硬骨鱼纲 ●夏威夷海鲢目
夏威夷海鲢的同类，大西洋大眼海鲢常成为娱乐性钓鱼者的对象而成名。其所具有的鳔呈肺状，可直接吸入空气中的氧气。

欧洲鳗鲡 | 全长 80～100厘米

学名 *Anguilla anguilla*

[食物]

（沙蚕）

（虾）

（小鱼）

（螃蟹）

鳗和蛇的身体像吗？

鳗有着像蛇一样细长的身体，是生活在水底的鱼类，分布在温带到热带的广泛地区。鳗的特征是没有腹鳍，且背鳍、臀鳍和尾鳍连在一起。夜行性的种类居多，白天隐藏在岩石间的缝隙或石头下面，等到晚上才出来觅食。

是一种食用鱼，与人类的关系密切，以其回游在海水与淡水间而出名。在深海出生的幼鱼，乘海流而上溯至河口、川或池成长，一直等到产卵期再回到海上。欧洲鳗可作长达5000公里的大旅行。

● 鳗的大旅行(欧洲鳗)

① 在河川成熟的鳗,到了秋天就完全不吃东西,游下河川并出海。在大西洋旅行5000公里,而在西印度群岛的东北藻丛海,深度约350米的地方产卵后就死亡。

② 春天的时候,由卵孵化的幼鱼是透明而扁平的形状,叫做狭头期幼鳗。

③ 狭头期幼鳗乘墨西哥湾海流而旅行,约3年后到达欧洲海岸时,已长至7~8厘米长,在这时变态而成白色幼鳗。

④ 上溯河川。

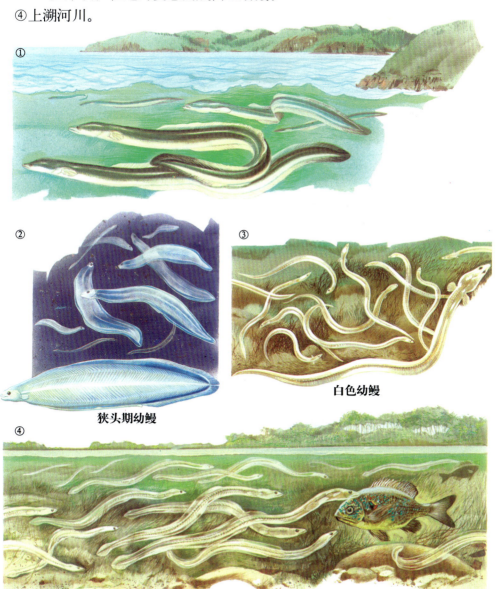

白色幼鳗

狭头期幼鳗

灰海鳗
Muraenesox cinereus
全长 1~2米

鲈鳗
Anguilla marmorata
全长 1.6米

大喙尾蛇鳗
Ophisurus macrorhynchus
全长 1.6米

欧洲康吉鳗
Conger conger
全长 1~3米

■袖珍动物辞典
鳗
● 硬骨鱼纲 ● 鳗目

像蛇一般圆筒形而细长的身体，是鳗类的特征。除鳗外，还有鲔、海鳗、蛇鳗、豹纹鲔、线鳗、大喉鳗等，鳗类须经过"狭头"的叶形幼鱼时期。

鳗以外的种类都是海栖性，然而鳗也在繁殖期回到海洋。鳗的繁殖一直是个谜，亚里斯都弟勒斯曾提出鳗是从泥土中出生的，直至1922年，丹麦的渔类学家约翰舒密特博士，在西印度群岛的东北藻丛海发现欧洲鳗孵化后的个体，终于找到了它的繁殖场所，而且日本鳗也被推想有同样的性质，在台湾或琉球的东方海域繁殖。

海伦豹纹鳟 | 全长 1~1.5米
学名 *Muraena helena*

❓ 豹纹鳟有着凶暴还是温和的性格呢?

豹纹鳟分布在热带到亚热带的温暖海域上，和鳗同类。

生活在岩石堆或珊瑚礁上，白天隐藏在岩隙间，到傍晚出来觅食。持有锐利的牙齿，性凶暴且毫无畏惧，但平时动作迟钝，是性情温和的鱼。

[食物]

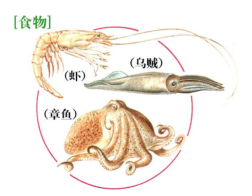

（虾）　（乌贼）　（章鱼）

○ 豹纹鳟遇到喜爱的食物如章鱼时，就会展开一场激烈的拼斗，如果是大章鱼，便只咬断其一只脚。

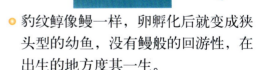

○ 豹纹鳟像鳗一样，卵孵化后就变成狭头型的幼鱼，没有鳗般的回游性，在出生的地方度其一生。

■袖珍动物辞典

豹纹鳟

● 硬骨鱼纲 ● 鳗鱼目 ● 豹纹鳟科

鳗鱼目中形状行动最像蛇的海水鱼。身体是筋肉质，没有鳞，有鲜明的花纹，和别的鳗类不同。没有胸鳍，口大裂开，用锐利的牙齿咬食物时，从齿周围的毒腺分泌毒液，注入伤口。

这种一般被惧怕的鱼，在平时却是温和的。若不是遇到刺激，引起它生气愤怒的话，是不会袭击人的。

园鳗	全长 30~50厘米
学名 *Gorgasia maculata*	

🔷 园鳗怎样躲避它的敌人？

园鳗也是鳗的同类。在海底的沙地，从尾部潜入至身体的一半时，过着像海草般摇荡的生活。吃浮游生物或从身前经过的小鱼。

若遇到敌人来袭时，便将整个身体隐藏在坑中。

🟢 仔细看

[园鳗的脸]

大眼睛是它的特征。

■袖珍动物辞典
园鳗

●硬骨鱼纲 ●鳗鱼目 ●糯鳗科

园鳗最大的特征是向海底的沙地潜进尾部，至身体的一半，上半身像海藻一样过着摇荡式的生活。属于群居生活，可以说是一种怪异的生活方式。

园鳗是种胆怯的鱼。人接近时，连头和身体都缩进坑里，如果从坑里被赶走时，会马上再找另一坑，瞬间从尾部先潜入沙中。

①月尾鳗	全长 11～12厘米
学名 *Cyema atrum*	

②线鳗	全长1.5米
学名 *Nemichthys scolopaceus*	

[食物]

（裸鳚）

（虾）

● 仔细看
月尾鳗的狭头型幼鱼。

月尾鳗和线鳗都住在深海中吗?

　　住在深海的鳗的同类，口长而尖是它的特征。月尾鳗成长以后，和狭头型幼鱼的形态很相似。线鳗生活在深约4300米的海域一带。

■袖珍动物辞典
月尾鳗、线鳗
● 硬骨鱼纲 ● 鳗目
● 月尾鳗科 ● 线鳗科
月尾鳗是一种有点短胖型的鳗目，尾鳍退化，但背鳍和臀鳍近尾部，也很发达，外观成为大尾鳍。
线鳗有和鳗一样细长的身体，尾巴像鞭子般。月尾鳗生活在水深2000米以上的海里，而线鳗是在4000～4300米的深海。

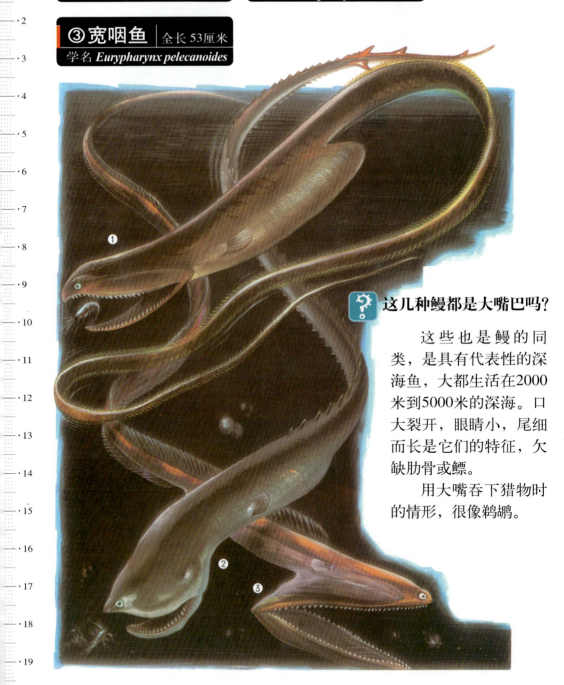

①囊喉鱼 全长 1.8 米
学名 *Saccopharynx ampullaceus*

②鹈鹕鳗 全长 1 米
学名 *Saccopharynx harrisoni*

③宽咽鱼 全长 53 厘米
学名 *Eurypharynx pelecanoides*

这几种鳗都是大嘴巴吗？

这些也是鳗的同类，是具有代表性的深海鱼，大都生活在2000米到5000米的深海。口大裂开，眼睛小，尾细而长是它们的特征，欠缺肋骨或鳔。

用大嘴吞下猎物时的情形，很像鹈鹕。

[食物]

（深海性的小鱼）

（深海性的虾）

● 囊喉鱼有长着尖锐牙齿的大型口，和如气球般膨大的胃，所以能吞进比自己更大的鱼，在食物来源较少的深海，像这种带有储存性的吃法是有必要的。

[囊喉鱼的幼体]

囊喉鱼或宽咽鱼和别的鳗类同样，经过"狭头型幼鱼的幼体"时期而长大，并不具有像鳗的回游性。

宽咽鱼没有能够大吹鼓胀的胃，因此以漏斗状的口展开游泳，收集小猎物而吞下。

巨尾鱼
Gigantura chuni
全长 15厘米

[深海生活的适应]

和鳗是不同种类的鱼，生活在450~1800米的深海，像望远镜般的眼睛，能正确测得猎物的位置。在吞食猎物时，会摆动胸鳍，从鳃送进新的水，以帮助呼吸。

■ 袖珍动物辞典

囊喉鱼、宽咽鱼

●硬骨鱼纲 ●鳗目

●囊喉鱼科 ●宽咽鱼科

此类的身形都像鳗，因适应深海的生活，而有多种的特征。肋骨或鳞退化，推想是因生活在深海里，太阳光线照射不到，所以对形成骨骼的维生素D缺乏而造成的。其次，在深海里，能当饵食的鱼也少，所以有时须用大口内锐利的牙齿，攻击比自己大的鱼吃，而在自己的胃肠里储存食物以生存。

白鲑 | 全长 1 米

学名 *Oncorhynchus keta*

 白鲑有什么不可思议的习性？

鲑的主要生活区是太平洋和大西洋的北部，是一种回游鱼。在广阔的大洋中回游生活后，回到自己出生的河川产卵，而后终其一生。这是种不可思议的习性。

鲑是一种以味道佳美而出名的鱼。它的同类数量极多，包括狗鱼、蛙鱼等的深海鱼。

[食物]

（鲱）

（鲽）

（乌贼）

（鳀鱼）

● 鲑的生活

● 鲑大部分在河川上游产卵，直到卵黄囊消失，开始向下游前进而出海。过3~4年的海上生活后，到了产卵期，会再度回到河川。只有数厘米大小的鲑就在海上生活，3~4年后便可长成1米左右。

● 鲑的同类，像姬鳟一样不出海，一生都在湖或河川中生活的也有，此种类型叫做陆封型。

[鲑的成长]

鲑的成长过程中，有很多的特征。如脂鳍或幼鱼时在背上出现的椭圆形花纹，是大部分鲑类所共有的特征。

卵

眼睛出现

卵孵化

卵黄囊(还没有口，从卵黄囊中摄取营养)

椭圆形花纹

全长5~7厘米时就出海

2岁的鱼

产卵期的雄性

脂鳍

上下颚会弯曲

体上出现红花纹

鲑的一生（①～⑫）

①

鲑的故乡在寒冷的北国河川上游。

②

在冬天卵孵化时，带有卵黄的幼鱼出现。

③

幼鱼和雪融化后的水流，一同流向海去。

④

在海上吃浮游生物或附在海藻上的生物，逐渐地驯熟海洋生活。

（退潮）

（满潮）

[和海水驯熟的状况]

退潮时游向海，满潮时游向河川，相当熟悉海水的情况。

⑤

● 幼鱼侧腹的椭圆形花纹消失，体色变银色(2岁时)，就开始向外洋游去。

⑥

● 在广阔的大洋生活3~4年后，鲑就长成美丽而长约1米左右的成鱼。

⑦

● 成年的鲑群，大约在9月时，会群体齐向出生的河川游去。

[鲑的一生(①~⑫)经过路线]

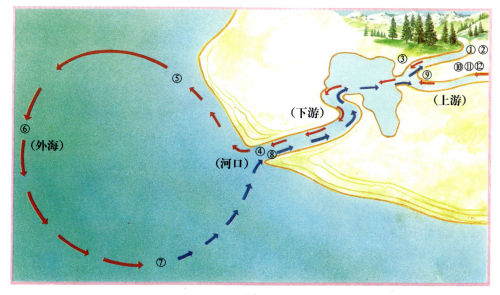

⑤

⑥ （外海）

③

① ②

⑩⑪⑫

⑨

（上游）

（下游）

④⑧

（河口）

⑦

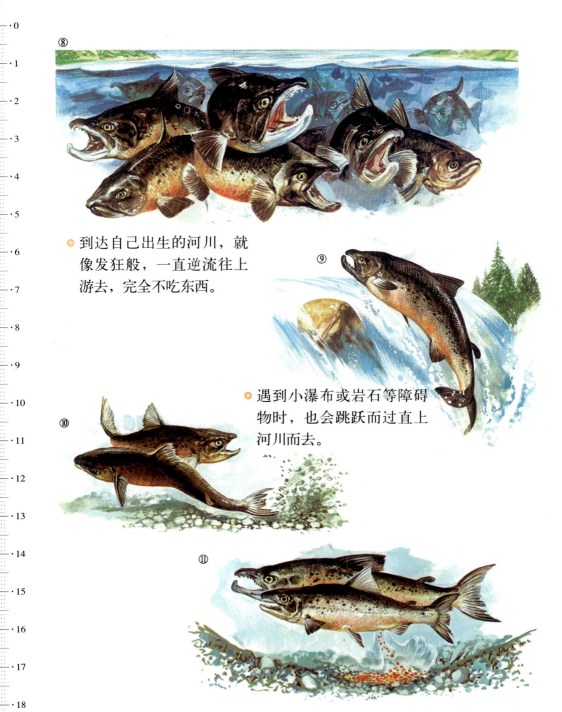

⑧

- 到达自己出生的河川，就像发狂般，一直逆流往上游去，完全不吃东西。

⑨

- 遇到小瀑布或岩石等障碍物时，也会跳跃而过直上河川而去。

⑩

⑪

- 到了自己出生的上游浅滩时，雌鲑用它们的尾鳍挖川底的沙砾，成大约20厘米深、1米长的坑。如此，往往尾鳍会被磨损而消失。雌鲑开始产卵，雄鲑便开始喷洒精液，最后雌鲑用小沙粒盖在上面，不让卵流失。

⑫

精疲力尽的雌鲑和雄鲑，大部分会死掉。此时的体重已经减到开始溯上河川时的2/3重。

[太平洋北部地区鲑的回游]

鲑约在4~5月，于阿拉斯加湾，到了6月进入白令海，7月北上移至西伯利亚外海，在8月时，沿着堪察加半岛开始南下。而在9~12月回到日本的沿岸，上河川产卵。

[发现自己出生河川的方法]

鲑约有99％能熟悉地回到自己出生的河川。对生出地的河川的味道一直记忆着。到了河口附近，便能分辨出原有的味道。在来到出生的河川时，鲑会因极度兴奋而吵闹。

鲑的鼻

[鲑的害敌]

向河川溯上时，中途会遇到许多的害敌，除了人类之外，熊也是可怕的害敌之一。

[鲑的保护]

做水坝时，让鲑等鱼类能溯上。另外做个像楼梯般的叫鱼道的水路，来保护鱼。

● 各种鲑的同类

鳟
Salmo salar
全长 1.5米

驼背鲑鱼
Oncorhynchus gorbuscha
全长 50厘米

樱花钩吻鲑
Oncorhynchus masou
全长 60厘米

大鳞鲑鱼
Oncorhynchus tschawytscha
全长 2米

褐鳟
Salmo trutta
全长 60厘米

红鲑
Oncorhynchus nerka
全长 90厘米

虹鳟
Salmo gairdneri
全长 50厘米

红点鲑
Salvelinus alpinus
全长 50厘米

尖旋波胡瓜鱼
Spirinchus lanceolatus
全长 18厘米

太平洋公鱼
Hypomesus transpacificus nipponensis
全长 15厘米

■袖珍动物辞典

鲑

●硬骨鱼纲 ●鲑目 ●鲑科

是种北半球原产的回游鱼，喜欢清澈的水域。生态中，最有趣的是在海洋上的回游生活后，为了产卵而回到自己出生地的回归性。关于利用什么方法回到自己出生的河川，以其有记忆水的味道的说法最为可靠。太平洋所产的鲑和大西洋产的大西洋鲑，在种与种之间常有混合，形态上也相似，因此在种的识别上相当困难。

鲑是种重要的食用鱼，成鱼可做成盐卤鱼和熏制罐头，卵巢可做鲑鱼子，成熟的卵亦是珍味佳品。由于这种原因，世界各国都慎重地实施保护政策，诸如渔获量的限制与鼓励养殖等方式。

虹鳟 | 全长 50厘米
学名 *Salmo gairdneri*

[食物]

（昆虫）

（水生昆虫）

（小鱼）

🔧 虹鳟有着像彩虹般美丽的花纹吗？

虹鳟是鲑的同类，有像彩虹般美丽的花纹，因而得名。原产地为北美洲西部，特别是加洲产的种类被引入世界各地养殖，或在河川中流放。比其他的鳟或鲑类，对水质的污染或温度的变化有较强的抗性，是它的特长之一。有的一生在淡水中生活，也有的向海下降而生活。

[降海型的虹鳟]

虹鳟中，有向海下降而生活的，叫做钢头鳟。春天时向河川上游溯上而产卵。和鲑不同的是，钢头鳟产卵后不会死，会再回到海上。能活6~7年，全长是80~120厘米。

[虹鳟的养殖]

● 虹鳟的养殖场

● 虹鳟和鲑不一样，只产一次卵是不会死的，可连续数年产卵。它的卵移殖简单且成长也快，所以很适于养殖。

● 仔细看

其幼鱼有左图所示般的椭圆形花纹，但长到身长约15厘米便消失。

● 鳟是贪食的鱼，遇有钩饵会马上咬住，常为钓鱼者的好对象。味道极为鲜美，做食用鱼为人们所喜爱。

● 在从雌性所采取的卵上，洒上雄性排出来的精液。

● 虹鳟里的钢头鳟会游到海上去生活。和别的虹鳟不同，在春天产卵。产卵方式和鲑类相同，但受精时，2条雄鱼交配1条雌鱼，其中1条雄鱼比雌的大，而另1条雄鱼却比雌的小，这是它的特征。

红点鲑 全长 50厘米
学名 *Salvelinus alpinus*

红点鲑是种贪婪的鱼吗?

红点鲑是淡水性的鱼类中，生活在最寒冷的地方的鱼。在日本是生活在深山里，夏天时生活在水温15℃以下的清澈溪流中。

隐藏在岩石后面，等候猎物经过。是种贪婪的鱼，吃蛇或与同类相互残杀。

平常捕食水中的昆虫，或落水的昆虫与小鱼等。

湖鳟
Salvelinus namaycush
全长 80厘米

雨红点鲑
Salvelinus pluvius
全长 30厘米

美洲红点鲑
Salvelinus fontinalis
全长 45厘米

■袖珍动物辞典

红点鲑

●硬骨鱼纲 ●鲑目 ●鲑科

红点鲑分布在北半球的寒带至亚热带地域，是淡水鱼中分布在最北且最高地的鱼。在北极圈或阿尔卑斯山等地也能看到。红点鲑中，有陆封型和降海型的，日本的雨鳟和虾夷红点鲑是降海型的种类。

产卵期在秋天至初冬之际，在溪流的浅滩沙粒底产卵。卵约2个月孵化，到了春天，从沙粒间隙中出现约3公分大小的幼鱼。

香鱼 全长 30厘米
学名 *Plecoglossus altivelis*

🔧 香鱼有香味吗?

香鱼又名山溪虹、鲶鱼等，秋末在河川出生的幼鱼下海过冬，到了春天又开始溯上河川，夏天成长发育，秋天产卵而后终其一生。因有香味而成珍品，与人类发生关系的时间相当早。

○ 梳齿状的齿之放大图。　○ 刮痕。

○ 香鱼从海溯上河川后，食性会改变。上下颚上生出梳子形的牙齿，刮食水底石头表面上的水藻和水垢。右上图是它刮食的痕迹，叫"刮痕"。

■ **袖珍动物辞典**

香鱼

● 硬骨鱼纲 ● 鲑目 ● 香鱼科

此科只有香鱼一种，是日本有代表性的溪鱼，因具有香味而得名为"香鱼"。利用富有香味的香鱼撒盐而烤，是代表性的烹饪法。

香鱼的钓法有很多种，利用鸬鹚捕和诱钓是有名的。利用鸬鹚捕是因鸬鹚有捕鱼的习性；而诱钓是利用香鱼的地盘意识，用香鱼做引诱物，其他香鱼因袭击而上钩。在琵琶湖有陆封型的香鱼，因体型小而被叫做小香鱼。

白斑狗鱼 全长 1.5米

学名 *Esox lucius*

[食物]

(鱼)

(野鸭)

(山椒鱼)

(老鼠)

白斑狗鱼分布在哪里？

白斑狗鱼是在北半球的寒带到温带里广泛分布的淡水鱼。口像鸭嘴般大而扁平，下颚突出。

是淡水鱼中生性最粗暴的肉食鱼，除了袭击别的鱼外，还会袭击蛙、鼠或野鸭等。据说一天可以吃和自己体重相当的食物。因为寿命长，偶尔可发现巨大型的个体。

因肉味极佳，成为钓鱼者的好对象。

● 各种的狗鱼

北美狗鱼
Esox masquinongy
全长 2.5米

黑狗鱼
Esox niger
全长 1米

蠕斑狗鱼
Esox vermiculatus
全长 70厘米

● 狗鱼的生活

○ 狗鱼不大喜欢到处游水，常静止等候猎物而捕食。颚有很多锐利的牙齿倒向内侧，所以猎物一旦被咬住，便绝不易被松口。

○ 具有"淡水鲛"的别号，生性粗暴，有时会袭击比自己体型大的水獭。

● 仔细看
狗鱼向内侧生长的牙齿。

■袖珍动物辞典
狗鱼

● 硬骨鱼纲 ● 鲑目 ● 狗鱼科

狗鱼是广泛分布于北半球的温带到寒带的淡水鱼，生活在缓流的河川或湖沼。表情看起来像是很贪婪的样子，不怕任何东西。什么都咬，有时正在游泳的人，脚也会被袭击。

体呈暗绿色，有黄色的花纹。背鳍和臀鳍在身体后部，上下相对。在春天融雪的时候开始繁殖，雌鱼在水草间产下5万~10万个卵，但能长成的为极少数。

据说有30年的寿命，且雌鱼的寿命更长、体型更大。

蝰鱼

全长 25厘米

学名 *Chauliodus sloani*

蝰鱼身上的发光器有什么作用?

　　蝰鱼是分布在全球的热带至温带海域的代表性深海鱼。它的牙像毒蛇的牙齿，长而伸出。

　　体上有很多发光器，利用这些发光器引诱猎物而捕食。口能开得很大，胃就像橡皮极具弹性，因此能吞下和本身同大的猎物。

　　追逐浮游生物，晚上游到海面附近，白天则向深海内移动。

[食物]

（深海虾）

（裸鰯）

（浮游生物）

● 深海鱼的生活

鳄蜥鳝
Stomias affinis
全长 20厘米

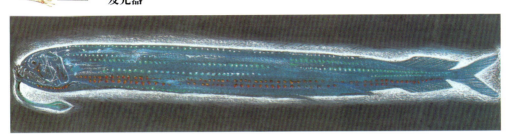

发光器

● 深海鱼中，多数种类如蝰鱼一样具有发光器。在黑暗的深海里，像上图般发光而美丽。这不但能引诱猎物，也有助于同类间群体的集聚。

● 仔细看

蝰鱼的背鳍上，有一支伸长且会发光的触须，可引诱鱼。吞下猎物时，上颚和下颚的关节向前移动，口大张开，鳃从鳃盖向外突出，使猎物不会伤到鳃。

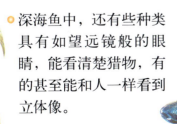

鳃

[如望远镜般的眼睛]

● 深海鱼中，还有些种类具有如望远镜般的眼睛，能看清楚猎物，有的甚至能和人一样看到立体像。

银斧鱼
Argyropelecus hemigymnus
全长 5厘米

后肛鱼
Winteria telescopa
全长 10厘米

各种的深海鱼

小银斧鱼
Argyropelecus affinis
全长 5厘米

黄胸狗母
Sternoptyx diaphana
全长 5厘米

反奇棘鱼
Idiacanthus antrostomus
全长 25厘米

闪光七星鱼
Myctophum nitidulum
全长 10厘米

黑圆罩鱼
Cyclothone atraria
全长 20厘米

黑深海狗母鱼
Bathypterois atricolor
全长 15厘米

光口鱼
Photostomias guernei
全长 16厘米

后肛鱼
Winteria telescopa
全长 10厘米

■袖珍动物辞典

蝰鱼

●硬骨鱼纲●鲑目●蝰鱼科

蓬莱狗母，分布于太平洋、大西洋和印度洋等热带到温带的海域，为有代表性的深海鱼。具有毒牙。

身体表面有发光器，这是深海鱼的特征。以此特性而可以掩藏并引诱猎物，或作为同类间联络的目标。

① 反奇棘鱼 | 全长 45厘米
学名 *Idiacanthus antrostomus*

② 白眼鳝 | 全长 12厘米
学名 *Opisthoproctus grimaldii*

❓ 反奇棘鱼的样貌一生有变化吗?

这里举出的鱼都是鲑的同类,但为了适应深海生活,和鲑有许多差异的形态。

反奇棘鱼的幼鱼如下半页左图,长柄而前端有眼睛,形状怪异。在成长的半途中变态,而变成像图1那样的成鱼。

白眼鳝有像望远镜般的眼睛朝着上面,能从猎物的下面悄悄地接近。

[反奇棘鱼的幼鱼]

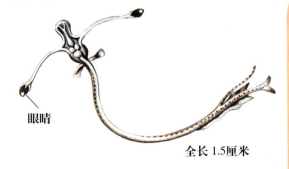

眼睛

全长 1.5厘米

■袖珍动物辞典

反奇棘鱼、白眼鳝

●硬骨鱼纲●巨口鱼目●奇棘鱼科●鲑目●后肛鱼科

反奇棘鱼和白眼鳝是生活在1000~2000米深的地方的深海鱼。反奇棘鱼变态前的幼鱼,和其成鱼的样子完全不像,直到数十年前,还被误认为是两种不同的鱼。白眼鳝在海底边游边随时瞄准上方的猎物。

①巨骨舌鱼 | 全长 1.5~4.5米

学名 *Arapaima gigas*

②骨舌鱼 | 全长 60~100厘米

学名 *Osteoglossum bicirrhosum*

谁是世界上最大的淡水鱼？

　　骨舌鱼或巨骨舌鱼类是分布在热带的大型淡水鱼，特别是亚马逊河的巨骨舌鱼，可以说是世界上最大的淡水鱼。

　　此类鱼的化石在北美洲和欧洲有被发现，因此可得知在很早的时候已分布在世界各地的淡水中。鳔具有和肺一样的功能，也有和肺鱼相似的原始型特征。

　　具有美丽且大型的鳞片，常被当作观赏鱼。

[食物]

（小鱼）

○ 骨舌鱼、巨骨舌鱼的生活

○ 骨舌鱼的幼鱼。

○ 骨舌鱼将卵存在口中，而在口中孵化，以保护卵。下颚须能辨别味道，还有确认东西的作用。

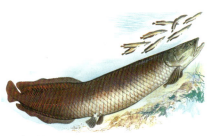

○ 巨骨舌鱼像鲑一样在浅滩产卵，约16万个卵分数次产下。

○ 保护卵及照顾刚孵化的幼鱼是雄鱼的责任，因而幼鱼常围绕在雄鱼的头周围不离去。

■ 袖珍动物辞典

骨舌鱼、巨骨舌鱼

● 硬骨鱼纲 ● 骨舌鱼目 ● 骨舌鱼科

骨舌鱼、又叫亚马逊腰带鱼，身体侧扁而像带子的鱼。亚马逊原产的有银骨舌鱼(银亚罗娃那)和黑骨舌鱼，东南亚原产的有绿骨舌鱼和红骨舌鱼，非洲原产的有尼罗骨舌鱼等。巨骨舌鱼在当地的语言意为"红鱼"。1~5月为产卵期，雄鱼尾部变成红色，卵约5天可孵化，幼鱼为黑色。而雄鱼的头也是黑色，幼鱼于是常围绕在雄鱼的头的周围而不离开。雌鱼也在周围游荡以追赶敌人。其在当地因成为食用鱼而被滥捕，因此，体长超过4米者已少见。

○ 巨骨舌鱼的鳔和肺具同样的功能，所以有时把脸部浮出水面以帮助呼吸。

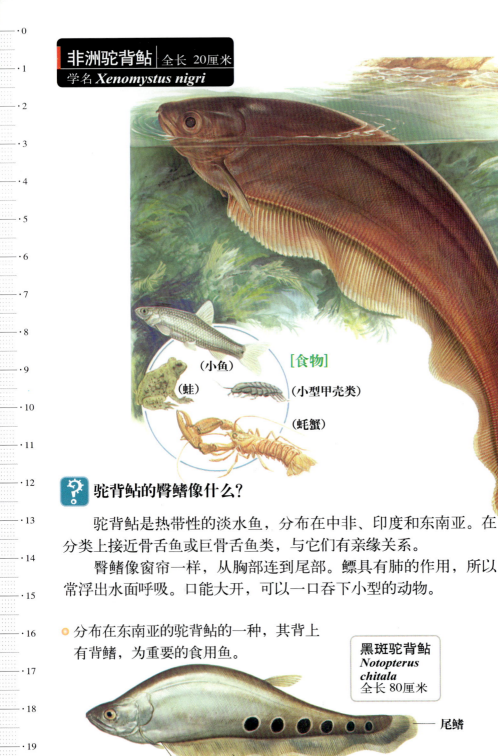

非洲驼背鲀 全长 20厘米

学名 *Xenomystus nigri*

[食物]

（小鱼）

（蛙）

（小型甲壳类）

（蚝蟹）

🔷 驼背鲀的臀鳍像什么？

　　驼背鲀是热带性的淡水鱼，分布在中非、印度和东南亚。在分类上接近骨舌鱼或巨骨舌鱼类，与它们有亲缘关系。

　　臀鳍像窗帘一样，从胸部连到尾部。鳔具有肺的作用，所以常浮出水面呼吸。口能大开，可以一口吞下小型的动物。

🟠 分布在东南亚的驼背鲀的一种，其背上有背鳍，为重要的食用鱼。

黑斑驼背鲀
Notopterus chitala
全长 80厘米

尾鳍

肛门　　臀鳍　　🟠 非洲驼背鲀则没有背鳍。

驼背鮨的生活

会用鳃和鳔呼吸，所以在狭窄的地方也可饲养。上图是在东南亚地区的市场常能看到的情景。

卵产在水中的树木或水草上，雌鱼产卵后会立刻离开，而雄鱼就在附近守候。如有别的鱼接近，便加以抵挡。不时地摆动鳍，以向卵上灌送新鲜的水，并防止尘埃落在卵上。

幼鱼的身体有花纹。

[方便的臀鳍]

驼背鮨不用动到身体或背鳍，只用臀鳍便可以使身体前后移动，静静地游而不起涟漪，有时会忽然停止。有些黑斑驼背鮨有如上图。长大后花纹会随着消失。

[驼背鮨的同类]

月眼鱼

眼睛很大，如满月时的月亮，因而得名。其是分布在北美洲的淡水鱼，外观很像鲱，但牙齿比鲱的发达，因此也被称作"有牙齿的鲱"。从身体的构造得知，此种鱼是驼背鮨的近缘，也是嗜钓者的好对象。

■袖珍动物辞典
驼背鮨
●硬骨鱼纲 ●骨舌鱼目
●弓背鱼科

是生活在非洲中部和亚洲南部的热带性淡水鱼。最大的特征是有很发达的臀鳍，可波状摆动而自由地游水。具有同样游法的有分布在南美的电鳗。
身体被小型的鳞片所覆盖，有2属5种。

象嘴鱼

全长 20厘米

学名 *Guathonemus petersi*

❓ 象嘴鱼的身体有雷达的功能吗?

生活在非洲的淡水鱼，从身体发出电波，如同雷达般，是会查出障碍物的怪鱼。

其次，部分种类的下唇像鼻子般地伸长，以此找寻水底泥沙中的蚯蚓或昆虫的幼虫等食物。

[各种杯口鱼的吻部]

[裸臀鱼的放电]

杯口鱼的同类裸臀鱼，会从身体发出电波，以自己的周围做电场(即有电力作用的地方)，只要这个电场被干扰，就能判知障碍物的位置。因此，身体上的背鳍像波状般地摆动并能向前后游。

■袖珍动物辞典

杯口鱼

● 硬骨鱼纲 ● 杯口鱼目

杯口鱼是硬骨鱼中最原始的鱼，是和骨舌鱼或巨骨舌鱼有血缘关系的种类。夜行性而视力弱，在暗处或混浊的水中生活。靠放电的电场，如雷达般的作用而能自由游泳。在日本被当作观赏鱼而饲养。

鲤鱼

全长
70~150厘米

学名 *Cyprinus carpio*

（昆虫的幼虫）

（水草）　（田螺）

（红虫）

[食物]

○ 野生的鲤鱼，身体呈
流线型并带黑色。

○ 冬天成群隐藏在水底的泥土或腐叶中，
像死了一般动也不动地度过冬天。

鲤鱼有很多种吗？

鲤鱼是在亚洲原产的温带性淡水鱼。喜欢生活在平原上的暖和湖泊，或水流缓慢的河川里。

分布于除澳洲和南美洲外的全世界。很早便在中国和日本当作观赏鱼及食用鱼，在德国等欧洲国家则作为食用鱼被养殖。

背鳍的根部长，没有脂鳍，通常口边有须，但也有的没有须。口腔的深处有咽头齿，用来磨碎食物。

鲤鱼的种类很多，约有2900种。

● 养殖的鲤鱼

[观赏用的鲤鱼]

观赏用的锦鲤鱼，被养殖在全世界，是由各种颜色美丽的鲤鱼交配出来的。虽颜色不同，但都属于同一种类。

[食用鲤鱼]

镜鲤

● 仔细看

在德国或欧洲东部，有食用鲤鱼大量养殖。像左图具有大型鱼鳞的镜鲤，或几无鳞片的河鲤，皆为养殖出来的食用鲤，一并叫做德国鲤鱼。我们所熟悉的鲢鱼和草鱼，也都是鲤鱼的同类。

● 鲤鱼产卵是数条雄的纠结在一起，共同追逐雌鱼。雌鱼在水草间产卵，雄鱼洒精液于其上。

■ 袖珍动物辞典

鲤鱼

● 硬骨鱼纲 ● 鲤鱼目 ● 鲤鱼科

鲤鱼目有鲤鱼科、泥鳅科、齿鲤科与电鳗科等4科，种类约达2900种之多。据推测是在白垩纪(1亿4000万年~6500万年前)，由鲱的某种祖先开始到淡水生活、繁殖、进化而变成今日的鲤鱼。

鲤鱼的饲养、交杂容易，可用各种品种以人工交配的方法来繁殖。其寿命很长，可活到一百年以上。

黑鲫
全长 30厘米
学名 *Carassius carassius*

(水草)

(虾)

(水蚤)

(水生昆虫)

[食物]

● 亚洲产的鲫

🔍 **金鱼是由哪种鱼培育出来的?**

鲫和鲤鱼同类,是分布于亚洲和欧洲的淡水鱼,在中国与日本因是重要的垂钓对象而被喜爱。

上图为欧洲产的鲫,幼鱼尾部有黑色斑纹。另有金鲫、银鲫等各种亚种。

由亚洲产的鲫所培育出来的金鱼品种,是世界有名的。

蓝氏鲫
Carassius auratus langsdorfii
全长 30厘米

金鲫
Carassius auratus subsp
全长 25厘米

[鲫的产卵]
卵具粘性,易附着于水草上。

金鱼

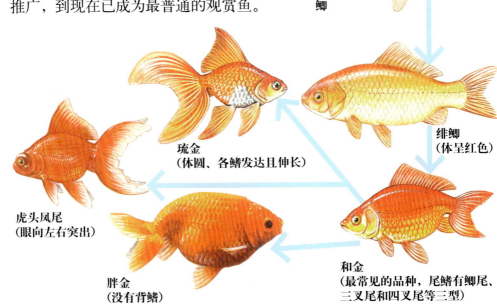

❓ **金鱼是从什么时候作为观赏鱼的？**

金鱼的祖先为亚洲产的鲫。作为观赏鱼，远在晋朝时代(265年~420年)就已有红色鲫鱼的记录出现。

其后，经突然的变异和不同品种之间的交配而培育出许多品种。在1502年左右，日本首次从中国引进金鱼，逐渐推广，到现在已成为最普通的观赏鱼。

[由突然变异而产生的金鱼品种]

鲫

绯鲫
(体呈红色)

琉金
(体圆、各鳍发达且伸长)

虎头凤尾
(眼向左右突出)

胖金
(没有背鳍)

和金
(最常见的品种，尾鳍有鲫尾、三叉尾和四叉尾等三型)

各种的金鱼

顶上眼

锈金

荷兰狮子头

疣头

花金

朱文金

翠峰眼

三色虎头凤尾

黑凸眼

■ 袖珍动物辞典

鲫、金鱼

● 硬骨鱼纲 ● 鲤鱼目 ● 鲤鱼科

鲫分布于亚洲和欧洲，是鲤鱼的同类。和鲤鱼一样，口腔的深处有咽头齿，但身体较扁平，同时没有口须。

欧洲产的鲫只有一种，亚洲产的种类变化较多，能分为数亚种。具有代表性的银鲫，体长可达30厘米，分布在亚洲东部，繁殖期为春天，在浅滩或水田等处聚集产卵。

金鱼是亚洲产的鲫经过突变及杂交育种而来，可作观赏用，已有1000年以上的饲育历史。日本从1502年从中国引进，已培育出很多品种。

高体鳑鲏 | 全长 4~10厘米
学名 *Rhodeus ocellatus ocellatus*

❓ 扁鲫有什么独特的习性?

扁鲫是广泛分布在亚洲和欧洲温带地区的淡水鱼。与鲤鱼及鲫为同类，但比鲫的体形更扁平而小。到繁殖期时，产卵管会伸长，将卵产于乌蚌或泥蚌等蚌贝的鳃中，这是一种相当独特的习性。

[食物]

（附在石头或水草上的藻类）

（水草的新芽）

（小型甲壳类）

（水生昆虫）　（红虫）

■ 袖珍动物辞典

扁鲫

● 硬骨鱼纲 ● 鲤鱼目 ● 鲤鱼科

扁鲫的形状很像鲫，但体形较为扁平而小。在欧洲只有欧洲扁鲫一种，而亚洲却有不少种类。

为迎接春到夏的繁殖期，雄鱼身上会呈现可称作"婚姻色"的一种美丽色彩。产卵在蚌贝类的鳃中，卵在鳃中。在新鲜的水流中孵化成长，寿命是4~5年。

除了当观赏鱼而被饲养外，亦可食用。

纵带泥鳅

全长 15~30厘米

学名 *Misgurnus fossilis*

泥鳅是怎样做肠呼吸的?

泥鳅生活在富有泥土的池塘或河川里，有潜入泥中的习性。潜土时，口边的须有探找泥中食物的功能。

除用鳃呼吸外，还会做肠呼吸，亦即将头伸出水面吸空气送到肠内，在肠内吸收氧气后，由肛门排出。

[食物]

（小型甲壳类）

（蛭）

（水蚤）

（水生昆虫）

[泥鳅的产卵]

● 仔细看

产卵时，雄的勒住雌的腹部而绞出卵，雌鱼比雄鱼大。

● 泥鳅用口吸空气，肠也能呼吸，如此反复地往返于水底与水面间。

■袖珍动物辞典

泥鳅

● 硬骨鱼纲 ● 鲤鱼目 ● 鳅科

泥鳅是分布在亚洲和非洲北部的淡水鱼。

虽然其外观与鲤鱼大为不同，但其口无牙齿而有咽头齿，并有感觉身体位置变化的威佛氏器官等，和鲤鱼有共通的特征。

口小，口须有6~10根。依种类而异，鳞片几乎都埋在皮肤底下，身体表面有粘液附着。夜行性，喜欢阴凉的地方。冬季时冬眠，在春、夏季间产卵。

亚马逊食人鱼 | 全长 20~60厘米
学名 *Serrasalmus piraya*

（小鱼）

[食物]

（哺乳动物）

○ **仔细看**

亚马逊食人鱼的牙齿。

● 产卵于水草中，孵化以后，雄鱼就在旁边守候。

🔷 饥饿的亚马逊食人鱼会吃什么？

生活在亚马逊河、奥利诺科河流域，此鱼以凶猛出名。

平时以吃小鱼为生。饥饿时，陆上的动物如牛、马和人等若坠落水中，会群集袭击之，只需数分钟便能将猎物吃得只剩骨头。

以左图那样锐利的牙齿，和强而有劲的颚肌肉，撕裂猎物的皮并咬断肉。

● 在亚马逊地区，生栖于圣法兰奥拉那河的亚马逊食人鱼，因特别凶猛而有名，连整头牛也只需几分钟，就会被吃得只剩下骨头。

盲瞎鱼

全长 8厘米

学名 *Anoptichthys jordani*

[食物]

(小型甲壳类)

(孑孓)

(浮游生物)

(小型甲壳类)

🔎 **盲瞎鱼有眼睛吗?**

生活在墨西哥的阿那华克高原，圣路易波道附近的钟乳洞的地下水中，是眼睛已退化的鱼。推想是下图墨西哥妮虹鱼的祖先，同时据推测约在50万年前的冰河时期形成钟乳洞时，被封在地下而生存。

幼鱼时有眼睛，但不久便被埋在皮肤底下。侧线能感觉水的振动，有辅助眼睛的作用。

墨西哥妮虹鱼
Astyanax mexicanus
全长 8厘米

○ 一般生活在有日光的地方，被认为和盲瞎鱼是同一种类，两种相互交配很容易产下一代。

■ **袖珍动物辞典**

亚马逊食人鱼、盲瞎鱼

●硬骨鱼纲 ●鲤鱼目 ●齿鲤科

包含亚马逊食人鱼和盲瞎鱼的齿鲤科，是个有很多种类的群体。齿鲤科的鱼和鲤鱼不同，无口须，吻部不会伸缩，并含有数量较多的牙齿。

亚马逊食人鱼在原产地叫做卡利别，即为"吃人种"的意思，这是其凶暴的生态。以前行为残虐而恶名昭彰的西班牙人也会害怕的。

经常群集生活，用敏锐的嗅觉向猎物作集体攻击。繁殖期在雨季开始，此时的雄鱼变得更凶暴，以守卫卵和幼鱼。

齿鲤科中有许多体色美丽的鱼，如五彩妮虹鱼等，被一般人所喜爱的观赏鱼亦不少。盲瞎鱼因为其特征，也被作为观赏鱼。

电鳗
全长 2米
学名 *Electrophorus electricus*

❓ 电鳗身体中的发电器官在哪里？

生活在中、南美洲的淡水鱼。此鱼有像鳗鱼般细长的身体，但却是鲤鱼的同类。

尾部占了身体的大部分，内中有强力的发电器官。成鱼能发出600~800伏特的强力电，可电死蛙或鱼然后食用，有时像马那样大型的动物，也会感电而麻痹，以致被淹死。

使用发达的臀鳍波动，能向前后自由游水。

■袖珍动物辞典

电鳗

●硬骨鱼纲 ●鲤鱼目 ●电鳗科

生活在中、南美洲，尤其是亚马逊河、奥利诺科河流域的淡水里。

一般没有背鳍和腹鳍，但腹部到尾部前端有很发达的臀鳍是它的特征之一。肛门即在臀鳍之前。

生活在停滞、不流通而欠缺氧气的河川或沼泽中，加上鳃部不太发达，常浮出水面呼吸空气。

占有身体大部分的发电器官是由凝胶状的物质形成的。产卵习性未详，但繁殖期是在雨季，推想在繁茂的草中产卵。

[发电器官]

体侧发电器（主发电）　上部发电器

下部发电器　由这里不断地发出电气，而探知害敌或猎物的接近。

六须鲇

全长 1~3米

学名 *Silurus glanis*

🔧 六须鲇用须能辨出味道吗?

鲇的同类几乎分布在全世界,多数种类生活在池塘或河川等淡水中,但部分种类生活在海洋里。

一般身体上没有鳞,有扁平的头和大口,口的周围有数条长须,利用此须能辨别出味道,这是它的特征。

夜行性,白天静静地藏在河底的坑里或树根下。食量大,如多瑙河鲇等大型种类会袭击小型的水鸟或老鼠。

[食物]

(鱼) (蛙)

(螯虾)

● 鲇的同类

[细鲇]

南美细鲇
*Loricaria
parva*
全长 12厘米

○ 此类生活在南美洲的河川，以有
吸盘形的口为特征。用此口来吸
住川底的石头，在急流中也不会
被流失。有
时潜进沙
中，只露出 幼鱼
眼睛来。

[盘鲇]

南美盘鲇
*Corydoras
arcuatus*
全长 7~8厘米

○ 生活在南美洲的河川，因为身体被
铠甲般的硬骨板覆盖，所以不擅于
游水，在水底以飞跳般姿势行动。
身体的上部，由头到尾有一黑
条，如弯弓状为其特征。
是一种有名的观赏鱼。

[颠倒鲇]

颠倒鲇
*Synodontis
nigriventris*
全长 6~10厘米

○ 此类生活在非洲中部刚果河流
域的淡水中。腹部向上呈仰形游
水，所以被叫做颠倒鲇。这种姿
态对吃附着在水草上的藻有相当
地助益。和普通的鱼不同，腹部
带黑色，与游水的姿态有关。遇
到危险时，可恢复到与普通鱼相
同的姿态游开。

[鳗鲇]

鳗鲇
*Plotosus
lineatus*
全长 20厘米

生活在海洋的鲇类，分布在日本的中部到南部的浅海。如图般有群集的习性，故也叫鳗鲇球。白天隐藏在岩石后，到晚上才出来寻找食物。第一背鳍和胸鳍的刺有毒，如被刺到会感觉疼痛。第二背鳍延长到尾部，这也是它的特征之一。

[电鲇]

电鲇
*Malapterurus
electricus*
全长 65厘米

生活在非洲淡水中的鲇，具有次于南美产的电鳗的强力电气。体形大者会发出400伏特的强力电，从而捕获食物。

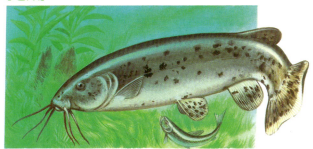

[透明鲇]

透明鲇
*Kryptopterus
bicirrhis*
全长 15厘米

生活在印尼和印度东部的淡水中，身体透明，能看到内部的骨骼。

有2条细长而向前方伸出的须，是为人们所喜爱的观赏鱼。

[匙头鲇]

匙头鲇的同类，原产地为北美洲。很早以前就被当作食用鱼，也移殖到欧洲。但在欧洲成长不良，味道欠佳，所以利用价值不高。

在繁殖期，雌鱼分泌出引诱雄鱼的物质，雄鱼因此被成群引诱。在很早以前便利用这种习性来猎捕牛头鲇。

牛头鲇
Ictalurus
nebulosus
全长 40厘米

斑纹牛头鲇
Ictalurus
punctatus
全长 1.2米

黄色鲇
Noturus
flavus
全长 25厘米

叉尾鲇
Ictalurus
furcatus
全长 1.2米

■袖珍动物辞典
鲇

●硬骨鱼纲 ●鲇目

鲇具有和猫一样的长须，是它的特征。因此，在英语中叫做猫鱼，普遍没有鳞。

分布在全世界。约有2000种，其中有1200种分布在南美洲。生活在缓慢的水流中或泥沼的水底，白天隐藏在穴中或藻下，到了夜晚，开始出来寻找猎物。须有感觉味道的作用，可借以寻觅水底下的水生昆虫或蚯蚓来吃。

在繁殖期，雄鱼在水底的沙地挖浅坑，雌鱼在此产卵。卵的孵化约需1~2个星期。此期间雄鱼在旁守候，幼鱼一旦长成，就马上脱离父母的保护而自立。幼鱼因贪食，所以成长迅速，体形大者可长至3米。

包含的种类繁多，仅次于鲤鱼目，生活在淡水或海水中，其形态和习性依种类而有很大的差异。

闪光七星鱼 | 全长 10厘米
学名 *Myctophum nitidulum*

（虾）

（动物性浮游生物）

[食物]

[发光器的构造]

透镜
（鳞片）

发光器

反射组织

肌肉

🔧❓ **裸鳚的"垂直性迁徙"是怎样的？**

裸鳚的种类繁多，其中以具有发光器的同类最为有名，故亦有灯笼鱼之称。

口大裂开，但牙齿不坚固，所以主要以吃小型的虾或其他的浮游生物为生。虾和浮游生物会白天在深海，晚上浮到海面附近，因它们有垂直移动的习性，所以裸鳚追逐它们亦做垂直性移动。此种形态称垂直性迁移或垂直性回游。

裸鳚可成为鲑或鲣的食物。

● 裸鳚的发光器，能自行发光。

裸鰯的同类

帆蜥鱼
Alepisaurus
ferox
全长 1.8米

[水鰯]
有像犬齿般锐利的牙齿，主要食物为深海鱼。体上没有鳞片，只要一烹饪便会溶化，所以被叫做水鰯。

日本软腕鱼

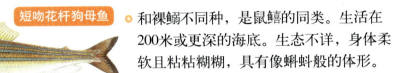

[紫软腕鱼]

短吻花杆狗母鱼

和裸鰯不同种，是鼠鳕的同类。生活在200米或更深的海底。生态不详，身体柔软且粘粘糊糊，具有像蝌蚪般的体形。

正蜥鱼

花狗母

[蜥鱼]
在沙中只伸出头来等候猎物，有鱼经过就袭击，并一口吞下。常栖息在30~40米深的温暖浅海处。

■袖珍动物辞典
裸鰯
●硬骨鱼纲 ●灯笼鱼目 ●灯笼鱼科
裸鰯生活在深度数百米的海里，是外洋性的深海鱼。裸鰯科现知道的有200种，以小型种的居多，大多的体长是5~15厘米。
体上有发光器是它的特征，在英语里被叫做提灯鱼，鳞片容易脱落，故又称为裸鰮。发光可作为同类间的识别器或有引诱猎物的作用。虽不能做渔猎的对象，但能作为鲑、鳟、鲔鱼和鲣等的饵，故对渔业有间接的贡献。

鳍脚鱼 全长 30厘米

学名 ***Bathypterois viridensis***

鳍脚鱼是怎样跳高脚舞的？

黑深海狗母鱼也可包括在广泛的裸鲾类中。黑深海狗母鱼的胸鳍或腹鳍有一条或数条长长的延伸鳍线。

鳍脚鱼是用延伸的腹鳍，在500~1000米深的海底，如跳高脚舞般地行走。此延伸的长腹鳍能探知海底或泥里的猎物，并且能够不使水混浊而游水。

黑深海狗母鱼
Bathypterois atricolor
全长 40厘米

钝吻文鳐鱼 全长 20厘米
学名 *Exocoetus volitans*

[食物]

（动物性浮游生物）

❓ 文鳐鱼能飞多远？

文鳐鱼展开发达的胸鳍而飞。平时在温暖的海洋水面上游水，受到惊吓，或被大型的肉食性鱼追赶时，会使用发达的尾鳍加速，展开胸鳍飞向空中。

在约5~6米的高度，一口气可飞行100米左右，有些种类连腹鳍都很发达，看起来就好像有2对翅膀般。

🔍 仔细看

在空中飞行的样子像滑翔机。

🔍 仔细看

[文鳐鱼的飞法]

在水面附近，利用尾鳍用力左右摆动而加速，胸鳍展开，再利用尾鳍的下半部助走后，跳上空中。速度减慢时，再重复同样的动作。

文鳐鱼的生活

○ 常为海豚或鬼头刁的食物。

○ 幼鱼在2~5厘米大时，胸鳍开始长大并逐渐发达。

文鳐鱼的同类

日本翅文鳐鱼

蓝翅文鳐鱼

竹刀鱼

塞氏鱵

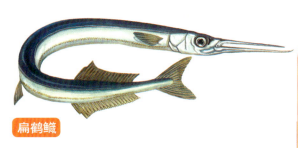

扁鹤鱵

棘皮鱵

■ 袖珍动物辞典

文鳐鱼

● 硬骨鱼纲 ● 鹤鱵目 ● 文鳐鱼科

文鳐鱼在热带、温带的海洋成群栖息，有胸鳍发达的二翼型和腹鳍发达的四翼型。

尾鳍下部大而发达，对飞翔前的助走有很大的助益，如遇顺风时，能飞行100米以上。

产卵在漂泊于海上的海藻里。

鳉

全长 4 厘米

学名 *Oryzias latipes*

鳉的体形因雌雄而不同吗?

鳉分布在除了澳洲以外的世界的热带和温带。是生活于淡水或半咸水中的小鱼。其体形和鳍形依雌雄而有不同,雄鱼多数有鲜明而美丽的体色。

在很久以前即与人类发生极为密切的关系。

[雄与雌的差异]

（雄）

🟢 **仔细看**

背鳍和臀鳍的大小不同。

（雌）

[古比鱼的各品种]　（褐尾花鳉）

（豹斑花鳉）

（雄）

（雄）
（黑尾花鳉）

（雄）
（三角嵌纹花鳉）

（雌）

🔸 不论品种如何差异,雄鱼都更为明显。

鳉的同类

阿根廷珍珠鱼

花鳉是在雌鱼的腹中孵化而生出的卵胎生。

○ 黑色的是雄鱼。产卵时一起游水，寻找产卵的地方。

红斑花鳉

佛罗里达花斑花鳉

剑尾鱼

内瑞利亚黄斑花鳉

黑鳍花鳉

非洲弯背花鳉

■袖珍动物辞典

鳉

● 硬骨鱼纲 ● 鳉鱼目

鳉鱼目的学名Cyprinodontiformes是"有齿鲤鱼"的意思，对着它近看时，其形态和鲤鱼很相似。但和鲤鱼不同的地方也多，即：有牙齿，没有口须，头顶部呈扁平，口呈上口式和没有侧线等。

种类繁多，杂食性，除藻类外，孑孓和水蚤等也是它们的食物。大肚鱼科的花鳉等是卵胎生，其余的种类是卵生，普遍4~10月产卵。在室内饲养时，在约25℃的温度，在冬天也会产卵。饲育简单且成长快，2~3个月后就会产卵，所以常被利用作为遗传学实验的对象。花鳉鱼中有代表性的观赏用热带鱼，为一般人所饲养。

黑虹花鳉

黑条花鳉

四眼鱼

全长 10~20厘米

学名 *Anableps anableps*

四眼鱼特殊的眼睛构造是什么样的?

水上用

水面

水中用

在鳉鱼类中,此鱼以具有特殊的眼睛构造而著名。眼睛分为上半部和下半部,乍看之下像有4个。常在几乎是与水接触的水平面上游水,用上半部的眼睛监视鸟或水上的猎物,并用下半部监视水中情形。

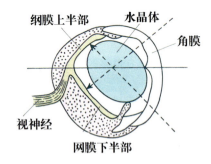

纲膜上半部　　水晶体

角膜

视神经

网膜下半部

🟢 仔细看

眼睛的网膜分成上、下两部分,水上的是下面的网膜,水中的是上面的网膜所映像出的。

■袖珍动物辞典

四眼鱼

●硬骨鱼纲 ●鳉鱼目 ●四眼鱼科

是鳉鱼目中体型最大的种类,生活在中美洲到南美洲北部的淡水中。眼睛被一条肌肉分成上半部和下半部,是它的主要特征,因此而有"四眼鱼"之称。其视力具有能够同时分辨空中与水中物质同样大小的能力,所以水晶体呈椭圆形。空中来的光线通过水晶体较薄的部分,水中的光线则通过厚的部分而到达网膜。

上半部的眼睛常突出水面,游水时监视空中的鸟或掉下来的昆虫。为卵胎生,一次产下1~5条,有时生下来的幼鱼可达6厘米之大。

盲鳉

全长13厘米

学名 *Amblyopsis spelaerus*

(盲虾)

(小型甲壳类)

(子孓)

[食物]

❓ 盲鳉眼睛退化而没有视力吗？

　　盲鳉生活在北美洲中部和东部相当黑暗的洞窟内的地下水中。眼睛退化而无视力，但依其极为发达的侧线和头部的感觉器官，可以感觉到空气或水流极为微小的震动。

　　其中以生活在美国肯塔基州的一个长达240公里的超级洞窟内的盲鳉最为著名。

肛门

● 仔细看

肛门随着成长而移到前方至喉咙附近。北方盲鳉有将产出来的卵放在鳃中孵化的习性，因此，从肛门中产出的卵，就近到鳃上就更为方便。

■袖珍动物辞典

盲鳉

●硬骨鱼纲 ●鳉鱼目 ●盲鳉科

生活在北美洲中部和东部的洞窟内的淡水鱼。眼睛退化且体色近于无色等，有适应洞栖性的现象。

头部没有鳞，有大口，身体呈纺锤型。雌鱼会产下约70个卵，存放在鳃腔上，保护至孵化为止。

尖棘鱼 | 全长 8厘米

学名 *Gasterosteus aculeatus aculeatus*

雌

雄

（水生昆虫）

（红虫）

（其他鱼的幼鱼）

[食物]

棘鱼以其有筑巢性而知名吗?

棘鱼类分布在北半球的寒带到温带。其特征是背鳍和腹鳍有刺，没有鳞片，因鳞片变形像骨头般坚硬的鳞板，沿着侧线排成一列。以其有筑巢性而知名。到繁殖期时，雄鱼会收集水草筑巢。

棘鱼类中，有一生都在淡水中生活的鲫，亦有一生都在海洋中生活的，还有的如尖棘鱼在产卵期时会上溯河川，而孵化的幼鱼在海洋中长大。其生活方式因种类而异。

[尖棘鱼的筑巢]

仔细看

雄鱼到了繁殖期时腹部会变红。雄鱼用口搬运水草，在水底筑隧道形的巢穴。

仔细看

雄鱼引诱雌鱼到巢穴内，雌鱼便在巢穴中产卵。

仔细看

雄鱼在旁守护卵，不离开巢穴。

● 各种的棘鱼

九棘淡水棘鱼

欧洲海栖棘鱼

● 仔细看

生活在淡水中，在接近水底处筑球状的巢，背刺有9支。

○ 生活在海洋中，不会到淡水区域，分布于欧洲西北部的海岸附近。在海藻上筑球形的巢。

[雄棘鱼的行动]

● 仔细看

繁殖期时，雄鱼看见和自己的腹部具有同样红色的模型接近时，会猛烈地攻击。

但是对腹部不呈红色的模型鱼接近，则漠不关心。

■袖珍动物辞典

棘鱼

● 硬骨鱼纲 ● 棘鱼目

背鳍和腹鳍有刺，与一般叫做刺鱼的为同类。

到了繁殖期时，雄鱼就离开鱼群，划分区域，收集水草并开始筑巢。巢筑好后，便引诱雌鱼，反复地做若即若离的求爱行动，因此被称为"曲折形舞蹈"。卵约10天左右孵化。在这段时间，雄鱼摇动胸鳍以补充洁净的水。孵化后1~2个月间，雄鱼守护幼鱼，若遇到幼鱼离开，它用口将幼鱼送回原处。

海龙

全长 30厘米

学名 *Syngnathus schlegeli*

海龙的口和普通鱼类一样吗？

此种鱼类群居热带到温带的浅海，在海藻繁茂的地方生活。

和普通的鱼类不同，它的口小，位于长管状伸长的吻的前端。因鳍不发达，游泳笨拙。

雌鱼将卵存于雄鱼腹部的育儿囊中，雄鱼把卵孵化后放出幼鱼，这是其特殊习性。

口

吻

[放出幼鱼的雄性海龙]

> 仔细看

自己会游水的幼鱼一起从育儿囊中排泄出来。

[食物]

（动物性浮游生物）

库达海马 全长 15~30厘米

学名 *Hippocampus kuda*

❓ 海马游泳时身体是直立的吗？

　　海马是海龙的同类。尾卷附在海藻上，过着固定性的生活。游泳时直立身体，摆动背鳍和胸鳍，游泳前进。到春天，雌海马在雄海马的育儿囊中产卵，经过50～60天，幼鱼会从育儿囊里出来。

[海马的身体]

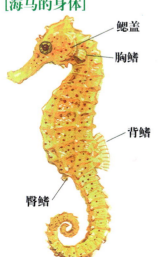

鳃盖

胸鳍

背鳍

臀鳍

（幼鱼）

育儿囊

🔵 仔细看

雄鱼放出幼鱼时，把身体弯曲，做波浪状运动，如此幼鱼相继而出。

条纹虾鱼 全长 15厘米
学名 *Aeoliscus strigatus*

❓ **条纹虾鱼有什么特别的游水姿态吗?**

和海龙一样有管状的长吻、刺刀一样薄的身体，没有鳞片，但有硬骨板包起的身体。

生活在有珊瑚礁的清静浅海中，群集而头向下，如倒立状的姿态游水，亦可横着游。

[虾鱼的身体]

胸鳍　腹鳍　臀鳍　尾鳍　背鳍

● 海龙、虾鱼的同类

马鞭鱼

鹬嘴鱼

■ **袖珍动物辞典**

海龙、海马、虾鱼

● 硬骨鱼纲 ● 海龙目 ● 海龙科 ● 虾鱼科
海龙目共同的特点是有细长的吻，身体被硬骨板覆盖；具有特异形状的鳍，游泳形式亦很特殊，口吻呈管状，口腔开口小，如吸尘器般吸取食物。海龙的英文名称叫pipe fish，海马则叫做sea horse等，都是因它们的形状而得出来的名称。两者的体型、生态都是极为有趣的，所以在水族馆里，很能吸引观众。

大西洋鳕 | 全长 1~1.5米

学名 *Gadus morhua*

[食物]

鳕鱼什么都吃吗?

　　鳕鱼大部分生活在太平洋、大西洋北方水温0℃～16℃的寒冷海里。

　　只要会动的东西，什么都吃。因为吃得多，长得也快，约10年多就能长到1米大。其繁殖力也强，体长1米左右的雌鱼，一次可产300万～400万粒卵之多。

背鳍

[鳕鱼的身体]

须　　腹鳍　臀鳍

● 鳕鱼的生活

[食物]

(鲱)
(虾)
(鲽)
(蛤蚌)
(乌贼)
(海星)

○ 鳕鱼以食量大而出名，最喜欢吃的是鲱，但在空腹时，什么都吃。所以每年的体重约以1.5倍的速度增加。

○ 鳕鱼产卵数目之多也相当有名。据说全长1米左右的鳕鱼，一次可产300万～400万个卵，甚至有多到900万个的记录。

幼鱼时期，吃海面附近的浮游生物，到3～5个月就移居到海底附近。依种类不同，3～5年开始产卵。右图是一只狭鳕鱼的卵块(鳕鱼子)和一粒卵。

● 仔细看
一粒卵。

[鳕鱼鳍的进化]

● 仔细看
推测原始型的鳕鱼鳍是连在一起的，后由于进化而逐渐分开。(①～⑤)

①鲇鳕

②鲑鳕鱼

④褐背鳕

③无须鳕

⑤大头鳕

●鳕鱼的同类

江鳕
Lota
lota
全长 1米

无须鳕
Merluccius
merluccius
全长 1米

黄条鳕
Pollachius
pollachius
全长 1米

褐背鳕
Merlangius
merlangus
全长 60~70厘米

地中海鲇鳕
Gaidropsarus
mediterraneus
全长 25厘米

■袖珍动物辞典

鳕鱼

●硬骨鱼纲●鳕鱼目

鳕鱼如字面所示，分布在寒冷的海洋里。鳕鱼类在全世界的渔获量是年产量1000万余吨，仅次于鲱、鳁，在食用鱼中占有很重要的地位。

鳕鱼是于中生代到新生代，发生于现在的大西洋北部，而后进化而来的。因此在现在北大西洋有很多鳕的同类被发现。分布在北太平洋的鳕是由北极海通过白令海峡来的。分布在南半球的种类，是冰河时期赤道海域的水温降低时，移往南半球的结果。

大头鳕类分布在北太平洋，渔获量最多，是很重要的食用鱼。一般称"鳕鱼子"的，即为狭鳕的卵巢。

黄鮟鱇(本鮟鱇) 全长 1.5米
学名 *Lophius litulon*

 鮟鱇长得像有柄的煎锅吗?

鮟鱇生活在温带的海底下。头大,由上往下看,宛如有柄的煎锅般。

背鳍最前面的刺伸长着像钓竿的样子,前端有皮肤皱褶伸出去,看起来很像鱼饵。鮟鱇利用此饵状物摇晃来引诱猎物,再大口地一口吞下去。胸鳍很发达,可以像脚般在海底移动。

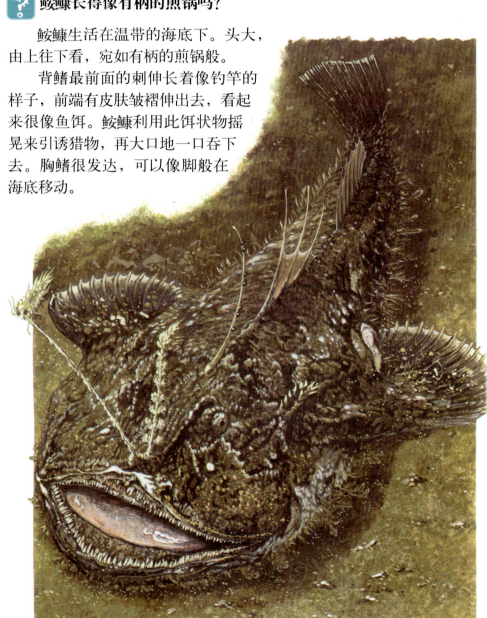

● 鮟鱇的生活

● 鮟鱇的体温能随周围环境的色彩而改
  变。如果有鱼接近，类似钓饵的头部摇
  动引诱它们上钩。一等接近，就一口吞
  下吃掉。

● 鮟鱇不大会游水，在海底大多静止不
  动。行动时，使用胸鳍爬行或身体左右
  摇摆而游水。

● 鮟鱇食量大，可吃自
  己体重1/3倍的食物。
  有时会攻击海面上休息
  的海鸟。

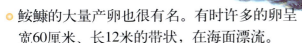

● 鮟鱇的大量产卵也很有名。有时许多的卵呈
  宽60厘米、长12米的带状，在海面漂流。

[食物]

（鲽）

（鳢）

（玉筋鱼）

[鮟鱇的变态]

● 仔细看

鮟鱇的成长。

（7毫米）

（37毫米）

（12毫米）

（成鱼）

攀木鱼 全长 20厘米

学名 *Anabas testudineus*

攀木鱼既能走路又能爬树吗?

攀木鱼分布在东南亚多水草的河口、湖泊、沼泽等地区,以能在陆地上行走而出名。它们以胸鳍支撑躯体,尾鳍左右摆动,像海豹般地向前挪进,并且可保持数小时的陆上生活,这是因为部分的鳃呈玫瑰花瓣般的皱褶状,上面密布生着毛细血管,如心脏般能直接吸收空气中的氧气的缘故,攀木鱼只是虚有其名,事实上它并不能够爬树。

● 干旱时期深藏在泥土内休眠,直到雨季来临。

仔细看

鱼类通常具有4对鳃,攀木鱼的最前面的一对鳃的上部已经变形,具有复杂的皱褶,被称为副呼吸器官。

■袖珍动物辞典
攀木鱼

● 硬骨鱼纲 ● 鲈目 ● 攀木鱼科

攀木鱼和鲈鱼外形相以,被认为是接近于鲈目基本形态的种类。背鳍有鳍条,尾鳍呈圆形,上下颚与口盖均有牙齿。每当下雨时,便成群爬到岸上,时速约200米,夜晚以捕食昆虫及蚯蚓等为食物。

斗鱼

全长6厘米

学名 *Betta splendens*

斗鱼生性好斗吗?

斗鱼为攀木鱼科中最美丽的一种,以好斗而闻名。在泰国,人们往往将两条雄性斗鱼放入同一水槽中,观其打斗,而成为一种游戏。

雄性斗鱼到了繁殖期,会有一些特殊的行为。

①繁殖期一到,雄性斗鱼会变得十分鲜丽,并忙着以泡沫筑巢,此外鱼鳍变大,常绕着雌性斗鱼舞蹈。

②将雌鱼推倒后,便卷伏在雌鱼身上,促使其产卵。

③当卵落入水里时,雄鱼会立刻衔在嘴里,送回巢中。

■袖珍动物辞典

斗鱼

●硬骨鱼纲 ●鲈目 ●攀木鱼科

生活在清澈的河川或沼泽内,是以水蚤或蚯蚓为生的淡水鱼类,以好斗出名,其同类共约7种,分布于泰国与婆罗洲之间。在泰国赌博性的斗鱼,则为人工育种。

每次产卵约数百个,经20~30小时后孵化,在孵化期间,雄鱼细心地守着卵和巢,即使是雌斗鱼也不能接近。

④守在巢边,如果有其他动物接近,便马上予以攻击。

鳢鱼

全长1米

学名 *Channa maculata*

鳢鱼常被食用吗？

鳢类是分布于非洲和亚洲的淡水鱼，是比较有名的高级食用鱼之一。

鳢鱼在水温过高的时候，往往因为无法呼吸，而溺死于水中。

仔细看

在鳃的上面，具有所谓"副呼吸器官"的呼吸器官，藉以呼吸空气。

● 鳢的生活

[食物]

（鱼）
（螯虾）
（青蛙）
（蛇）
（老鼠）

● 因为食量很大且几乎无所不吃，所以又被称为"水中强盗"，除了鱼之外，青蛙、老鼠等等都是它们的食物。

多眼斑鳢
Channa argus
全长 80 厘米

● 在寒冷的地带，每到冬天便钻入泥土中冬眠。

● 仔细看

双列鳢鱼与鳢为近似的种类，分布在比鳢偏北的地区。体型虽然与鳢极为相似，但是体侧的斑纹只有两列，比鳢少一列。

● 在水草茂盛的河川上，选择一浅处并筑好浮巢，以便产卵，雄鱼与雌鱼同心协力，守护幼鱼。

■ 袖珍动物辞典

鳢

●硬骨鱼纲 ●鲈目 ●鳢科

鳢为淡水鱼，在亚洲与非洲地区各有一种，英、法两国称之为蛇头鱼(Snake head)，因为其头部很像蛇。

鳢的体侧有3条斑纹，而双列鳢鱼只有2条斑纹，此为两者最大的区别。双列鳢鱼的分布区比鳢偏北，整个亚洲地区均可发现，是一种食用鱼。

须鳍鱼 全长 30厘米
学名 *Helostoma rudolfi*

● 各式各样的须鳍鱼

褐身须鳍鱼
Osphronemus gourami
全长 60~70厘米

珠艳须鳍鱼
Trichogaster leeri
全长 10厘米

黑条须鳍鱼
Trichopsis vittatus
全长 6厘米

何种鱼热衷于接吻?

须鳍鱼为攀木鱼科的一种，其中接吻须鳍鱼因为当彼此把嘴唇紧靠在一起时，看起来好像在接吻一样，因而得名。它们不仅在雄鱼和雌鱼之间会有接吻的现象，雄鱼与雄鱼之间也会有这种情形。它们通常生活在水草茂盛的池塘或沼泽里。雄鱼在产卵之前，会利用在水面呼吸所产生的气泡做为浮巢。

■袖珍动物辞典

须鳍鱼

●硬骨鱼纲 ●鲈目 ●攀木鱼科

须鳍鱼类属于攀木鱼科，有些种类的肠鳍看起来像一条细线。接吻须鳍鱼有细小的牙齿和厚厚的唇，很容易吸在一起。

雄鱼在产卵之前，会利用在水面呼吸时所产生的气泡来筑巢。每次产卵约数百个至数千个；产下的卵并不受到照顾，大约一天便可孵化。

射水鱼 | 全长 24厘米
学名 *Toxotes jaculator*

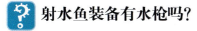

跳出水面捕捉昆虫
的情形。

射水鱼装备有水枪吗?

　　射水鱼分布在由菲律宾到印度
的河口附近,它们利用口里喷出来
的水,来打落栖息在水边草木枝条
上的昆虫以为食用;但是其主要的
食物为水中生物,只有在水中生物
缺乏时,才会以"水枪"捕食。通
常在距离1米左右可将食物射落,
但成长后的射水鱼可将4米远的食
物射落。

■袖珍动物辞典
射水鱼
●硬骨鱼纲 ●鲈目 ●射水鱼科
射水鱼分布于东南亚、印度等
地,尤其是具有红树林的河口最
多,体色为黑色条纹上掺杂着少
许有黄色光泽的斑纹。
自幼鱼时便具有以水射物的特
性,成长后无论在距离与准确性
上都更为进步。在珊瑚地带产
卵,孵化后的幼鱼又回到河川。

玉筋鱼
全长 25厘米

学名 *Ammodytes personatus*

[食物]

（动物性浮游生物）

[玉筋鱼的嘴巴]

● **仔细看**
嘴巴张开时

● **仔细看**
嘴巴关闭时

玉筋鱼用哪里来挖掘沙地？

　　玉筋鱼是一种具有细长身躯的小型鱼类，每天成群地游泳，夜晚感到危险时，便躲入沙地中，下颚比上颚厚，并且有突起，可作为挖掘沙地的铁铲，当水温在20℃以上时，昼夜都躲在沙地中睡觉。

■**袖珍动物辞典**

玉筋鱼

● 硬骨鱼纲 ● 鲈目 ● 玉筋鱼科

玉筋鱼科有许多种，分布于温带到亚热带的海洋中。体型像鳗鱼，没有鳞，若有则为极细小的鳞片。背鳍极长，由头后方直到尾部，通常都没有腹鳍。背部呈青绿色，腹部为白色，在海中形成保护色。卵产于沙中，约1~2周内孵化，一年后即成熟。是极重要的水产资源，小的被制成小鱼干或加工品，大的则可为炸鱼的材料。

半线天竺鲷 全长15厘米
学名 *Apogon semilineatus*

天竺鲷的卵在哪里孵化?

天竺鲷类为分布于温带到热带的小型鱼类,主要生活在海岸边的浅水处。

头部较大,通常是雄鱼将卵衔在口中,直到卵孵化为止。有部分种类与海胆共生。

■ 袖珍动物辞典

天竺鲷

●硬骨鱼纲 ●鲈目 ●天竺鲷鱼科

天竺鲷鱼类分布于热带到亚热带地区的浅海处,部分种类生活于淡水中。身体左右扁平,体色呈鲜红或褐色。大部分的种类在尾部都有黑色细纹。

它们具有将卵衔在口中孵化的习性,大都由雄鱼负此任务。虽然将卵衔在口中,但却不会和食物一块吃进肚里,等卵孵化后,雄鱼便不再负保护的责任。

大多数种类皆具有特殊习性,管天竺鲷与发光的细菌共生,长鳍天竺鲷则自己可发光,这是因为天竺鲷的体内具发光体,而透过它们透明的肌肉,使得整个鱼身看起来很光亮。

一般属于肉食性,在夜间活动。

● 仔细看

雄性半线天竺鲷把卵衔在口中,约经过5周后孵化,卵会产生有粘性的丝,纠缠在一起,而形成一个大块状。等卵孵化后,雄鱼便不再守护它们。

真鲹

全长 40厘米

学名 *Trachurus japonicus*

（真鳀）

（玉筋鱼）

（日本鳀）

[食物]

鲹鱼的最大特征是什么？

为来回在海洋中层与海面间的一种回游性鱼类，体态多呈流线型，体色则与其他表层鱼一样，上下颜色不同，背部为暗绿色，由上看与海水混淆不清，腹部是银白色，由海中往上看，和水面的反光同色，如此形成了逃避金枪鱼等大型回游性鱼类攻击的保护色。

鲹鱼的最大特征是由鳃到尾巴根部的侧线上，排列着一条所谓"棱鳞"的鳞片。

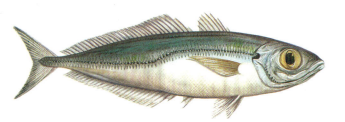

大西洋鲹
*Trachurus
trachurus*
全长 25~50厘米

短吻鲾 全长 20厘米
学名 *Leiognathus nuchalis*

● 仔细看

闭上嘴时(左)。张开嘴时(右)。

● 鲹的同类

条纹鲹
Caranx delicatissimus
全长 1米

印度白须鲹
Alectis indica
全长 80厘米

白须鲹
Alectis ciliaris
全长 90厘米

短尾鲾会发声吗?

短吻鲾为鲹的同类,口的下方有突起,食物以海底泥中的昆虫为主。当鲾鱼被钓上时,嘴角会向前突出,上颚骨和额骨鼓起并合在一起,而发出声音。

■袖珍动物辞典
鲹

●硬骨鱼纲 ●鲈目 ●鲹科

鲹是分布于热带到温带间繁殖率极高的鱼类,真鲹的捕获量很大,为重要的食用鱼,真鲹的产卵期为4~7月,每次可产15~50万个浮游性的卵,孵化后的小鱼体长为3毫米左右,一年后会成长为15厘米左右。

青甘鲹 全长 1米
学名 *Seriola quinqueradiata*

青甘鲹是大型回游性的鱼类吗?

青甘鲹为鲹类的一种,是具代表性的大型回游性的鱼类。在日本是极受欢迎的一种鱼,从幼鱼到成鱼,每个阶段都有不同的名称。

青甘鲹以东海为主要产卵地,每年5、6月左右,趁着黑潮,幼鱼便游往日本沿岸,此时期的幼鱼聚集在马尾草等海草附近,作为隐蔽处,因此它们的身体也呈黄色的保护色。幼鱼体长超过12厘米,极为肥大,离开漂流的水草后,体色即与成鱼相同,背面呈绿色,腹部则为银白色。

(乌贼)

(真鳀)

(鲭)

[食物]

120

黑带鰺 全长 70厘米
学名 *Naucrates ductor*

○ 黑带鰺常追随大型鱼类前进。

 黑带鰺怎样找到食物？

黑带鰺是与鰺接近的种类，但无棱鳞。常追随鲛等大型鱼或流木、船只等。游泳为其特殊的习性。它们紧跟着鲛，以摄食其吃剩的食物为主，至于其他情形，目前不详。

● **青甘鰺的同类**

金边鰺
Seriola aureovittata
全长 2米

■ **袖珍动物辞典**

青甘鰺

● 硬骨鱼纲 ● 鲈目 ● 鰺科

青甘鰺是于日本沿岸南北回游的典型鱼类。身体呈纺锤型，背部为蓝色，腹部为银白色，与鲤鱼一样，在不同的成长阶段各有不同的名称。

出生后3年左右开始产卵，4~5岁大的青甘鰺每条可产卵100万个。这些直径约为1.5毫米的浮游性卵，在20℃的水温下3天可孵化。近年来将幼鱼集中养殖的方法已产生，创下世界回游鱼饲养成功的首例。

青甘鰺为重要的食用鱼，尤其是在冬季里面临产卵期的"冬青甘"，更是众所皆知的美味佳肴。

黑带鰺是分布于热带海洋及温带海洋的青甘鰺的近缘鱼类，虽然不及青甘鰺大，但外型却十分相似，因而得名。

黑带鰺的肉味劣，不适于食用。

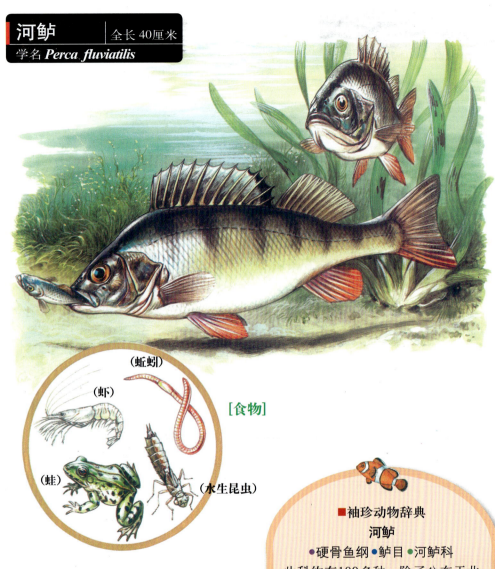

河鲈　全长 40厘米
学名 *Perca fluviatilis*

[食物]

（蚯蚓）

（虾）

（蛙）

（水生昆虫）

❓ 河鲈会吃掉自己的孩子吗?

河鲈是广布于欧亚大陆的淡水鱼类，在湖泊中很容易看见。

河鲈生性十分活跃，凡是水中的动物，几乎无所不吃，同类相残，有时甚至吃掉自己的孩子，而有时却成为鸟和狗鱼的食物，肉味鲜美，营养丰富。

■ 袖珍动物辞典

河鲈

●硬骨鱼纲 ●鲈目 ●河鲈科

此科约有100多种，除了分布于北半球温暖地区的淡水区外，也生活于冷水域中，行动十分敏捷，难得静止。

雌鱼在石头或水草上产卵，每条可产下30万个长带形的卵，但是由于雄鱼数量很少，所以其卵并非都是受精卵。卵在1~2周内孵化，幼鱼过群体生活，成鱼则单独生活，通常3年左右便具产卵能力。

黑鲈

全长
40~80厘米

学名 *Micropterus salmoides*

(小鱼)
(蛙)
(水生昆虫)
(老鼠)

[食物]

黑鲈是肉食性吗?

黑鲈的分布与河鲈不一样,黑鲈分布于北美洲,但与河鲈同属于肉食性,并且也吃自己的卵所孵化的小鱼。

■袖珍动物辞典

黑鲈

●硬骨鱼纲 ●鲈目 ●黑鲈科

黑鲈生活于河流或湖泊中,对水温变化极为敏感。受阳光影响,在阴天里不会产卵。它们更能像蜜蜂和传信鸽一样以太阳的位置来判断自己所处的位置。

雄鱼用尾鳍挖掘洞穴,雌鱼一次可产下1000个卵,约3~6日便可孵化,雄鱼自产卵后约2~3周内,一直守护在卵的旁边。

● 黑鲈的同类

蓝鳃鱼
Lepomis auritus
全长 30厘米

黑身燕鱼(幼鱼) 全长30厘米
学名 *Platax melanosoma*

黑身燕鱼看起来像燕子吗?

黑身燕鱼类的背鳍和臀鳍十分特殊。由侧面观察时,它们的姿态就像展翅而飞的燕子,故又名燕鱼。通常成群栖息在珊瑚礁或岩石上,体色极为鲜艳。

在成长过程中,体色与斑纹有极大的变化,成长后,身体周围的红色将会消失。

圆翅燕鱼
Platax pinnatus
全长 40厘米

🔵 仔细看

上为亲鱼,
下为幼鱼。

折刀鱼

全长 50 厘米

学名 *Equetus lauceolatus*

折刀鱼看起来像小刀吗?

折刀鱼有像小刀的体态,因而得名。是只分布在西印度群岛海岸附近的鱼类。

白天躲在礁岩的隐蔽处,到了夜晚则出来觅食。

■袖珍动物辞典

黑身燕鱼

●硬骨鱼纲●鲈目●帘鲷科

黑身燕鱼分布在太平洋中部到热带的海洋一带。通常身体左右扁平,背鳍和臀鳍非常发达,游泳速度缓慢,是一种极受欢迎的观赏鱼,在水族馆中常可看到。行群体生活,在热带地区被当作食用鱼。

扬幡蝶鱼 全长 23厘米
学名 *Chaetodon auriga*

❓ 蝶鱼像蝴蝶一样美丽吗?

蝶鱼的外形与陆地上的蝴蝶一样,有着五彩缤纷的图案,大部分分布在热带地区的珊瑚礁。

用尖尖的嘴啄食附在珊瑚或岩石上的小动物,由于外形美丽,因而被饲养为观赏之用。

🔵 仔细看

左图是从正面看蝶鱼,成扁平的体型。从右图看蝶鱼的幼鱼与成鱼的颜色及体型完全不一样。幼鱼叫做有刺稚鱼期,头部和胸部的骨骼非常发达,成为骨板及刺。

各式各样的蝶鱼

金色蝶鱼

黄尾蝶鱼

尾纹蝶鱼

皱皮蝶鱼

白吻双带立旗鱼

长嘴蝶鱼

角蝶

条纹蓝刺鱼

柴鱼

黄尾蝶鱼
Chaetodon
xanthurus
全长 12厘米

金色蝶鱼
Chaetodon
auripes
全长 20厘米

皱皮蝶鱼
Chaetodontoplus
mesoleucus
全长 15厘米

尾纹蝶鱼
Chaetodon
capistratus

长嘴蝶鱼
Chelmon
rostratus
全长 17厘米

白吻双带立旗鱼
Heniochus
acuminatus
全长 20厘米

角蝶
Zanclus
cornutus
全长 30厘米

条纹蓝刺鱼
Pomacanthus
imperator
全长 40厘米

柴鱼
Microcanthus
strigatus
全长 20厘米

■袖珍动物辞典
蝶鱼

●硬骨鱼纲●鲈目●蝶鱼科

蝶鱼科大部分的种类属于海栖鱼，约有150种，在鲈目中算是个很大的集团。由于颜色艳丽，所以常被饲养于水族馆里，当做观赏之用。饲养的方法很容易。

这一类的鱼体都非常高，左右扁平，整个看起来圆圆的。嘴尖突出，所以啄食附在珊瑚或岩石的水虾及小型动物都很容易。幼鱼的体型和成鱼有所差异，被称做有刺稚鱼期。此时期的幼鱼，头和胸部都异常发达，形成许多尖刺。

柴鱼虽然和蝶鱼各方面都很相似，但是它不经过有刺稚鱼期，所以被分类为另一亚科。

慈鲷

全长 15厘米

学名 *Hemichromis binaculatus*

（动物性浮游生物）

（鱼）

（水中昆虫）

[食物]

● 大部分的鱼都有两对鼻孔，而慈鲷只有一对鼻孔。

❓ **有着美丽外形的慈鲷性情却很粗暴吗？**

慈鲷是生活在非洲及中南美的热带河川和湖泊的热带鱼。形态和色彩大部分都很鲜艳。

慈鲷在繁殖时期，雄鱼和雌鱼以一起把卵和幼鱼照顾得非常妥善而闻名。外形美丽，性情却极粗暴，常为争夺地盘而打斗得非常激烈。被称为杰克田布塞的种类更是粗暴，在产卵期时常把别的鱼类杀死。

慈鲷的生活

○ 雄鱼为了守住领域，采取各种行动。

仔细看

大部分的慈鲷类都非常用心地照顾卵和小鱼的生活。

①到了繁殖期，雌鱼用嘴巴把产卵的场所整理干净。 ②雌鱼就在这里产卵。
③雄、雌鱼轮流摆动鳍和尾给卵带来干净的水。 ④孵化出来的小鱼，若是流出鱼群外，大鱼用嘴把它叼回来。 ⑤小鱼被亲鱼鲜红的体色诱引，开始游泳。

①

②

③

④

⑤

荷布拉轮氏慈鲷
*Cichlasoma
hellabrunni*

米琪氏慈鲷
Cichlasoma meeki
全长 10~15厘米

细条慈鲷
*Crenicichla
lepidota*
全长 20厘米

巨头慈鲷
*Cichlasoma
facetum*
全长 20厘米

多彩慈鲷
*Haplochromis
multicolor*
全长 8厘米

华美慈鲷
*Cichlasoma
festivum*
全长 15厘米

■袖珍动物辞典
慈鲷

●硬骨鱼纲 ●鲈目 ●丽鱼科

慈鲷是分布于非洲、中美洲、南美洲的热带鱼，约有600种之多。多数慈鲷的色彩都很鲜艳美观，所以被当做观赏鱼。

慈鲷最大的特征在于其繁殖、育幼时的特殊习性。此科鱼类中，有些是在口中孵化鱼卵，有些稚鱼是在亲鱼口中被保护着。

当慈鲷的繁殖期接近时，雄鱼为了寻找地盘，就单独行动；为了争夺地盘，攻击性也变得很强。如果雌雄联合起来，就可共同守住地盘的范围。

神仙鱼

全长 15厘米

学名 **Pterohyllum scalare**

神仙鱼长着天使一样的翅膀吗?

神仙鱼是慈鲷的一种，可说是热带鱼的代表鱼类。背鳍和腹鳍很长，极像天使展开的翅膀。

原产地为南美的亚马逊河，现在已很容易看到，但在原产地反而不容易看到。

仔细看

被产在水草的卵在孵化后，亲鱼就把稚鱼放入口中，运到别的水草上。

■袖珍动物辞典

神仙鱼

● 硬骨鱼纲 ● 鲈目 ● 慈鲷科

神仙鱼的体型是左右极端地扁平，身高与体长差不多一样，是种很美的热带鱼。有3种，都是饲养为观赏之用，现已培育出多种品种。野生种是带青的银色，身上有4条黑条纹，这些条纹在摆动的水草中，形成了保护色。

6月产卵，一次产200~1000个长约一毫米的卵，卵在1~15日就可孵化，样子很像蝌蚪，约一个月后就会有与亲鱼一样的外型。属肉食性，捕食小鱼或淡水产的虾及昆虫的幼虫等。

吴郭鱼

全长 40厘米

学名 *Tilapia mossambica*

（水中昆虫）

（各种藻类）

（小鱼）

[食物]

🔧 吴郭鱼对谁有威胁？

吴郭鱼是南洋鲫类中的一种，为杂食性，由植物到小动物、小鱼无所不吃。具有强韧的生活力且繁殖力很强，在水温高的地方，往往对鲤鱼和鲫鱼构成极大的威胁。

由于亲鱼孵育卵时十分小心，故其生存率极高，每次产卵100~300个。

南洋鲫的育幼方式

①

②

- 对卵及幼鱼十分小心地照顾。雄鱼用尾鳍和口搬运小石头，在水底筑成钵状的巢，以便产卵。

- 如果有其他雄鱼接近，便用嘴推挤，将其驱逐。

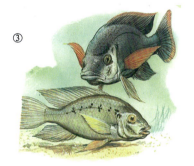

③

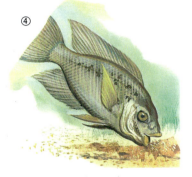

④

- 雄鱼带领雌鱼，进行产卵与受精。

- 雌鱼将卵衔在口中，利用呼吸时的水使卵翻动。

⑤

- 卵经过3~5日会孵化，但是幼鱼仍然留在口中，大约经过10天才离开口中；但是在此后的2~3星期内，若遇危险，母鱼会将小鱼再度衔在口中保护。

■袖珍动物辞典

南洋鲫

● 硬骨鱼纲 ● 鲈目 ● 慈鲷科

南洋鲫是慈鲷科的一种，种类有100种以上，除了特殊的一种外，其余均是口中育子，生活于淡水，为雀鲷的近缘，故又称为河雀鲷。与雀稠科同为鲈目中极为珍贵的一种，鼻孔则左右仅有1对。

长2毫米的卵，在孵化后生长得极为迅速，3个月体长即可达10厘米，在此期间雄、雌鱼个体已逐渐成熟。紧接着对水温及水质的适应力也开始增强，最近被世界各地视为食用鱼而加以饲养。

七彩神仙鱼 全长 15厘米

学名 *Symphysodon discus*

热带鱼中最漂亮的是哪种鱼？

七彩神仙鱼与南洋鲫同为鲷科，是热带鱼中最漂亮的一种，但繁殖率却不高。

背鳍与臀鳍十分发达，成鱼的身体呈圆盘形，因而得名，此外体色也随着成长而改变。

七彩神仙鱼和其他的慈鲷科一样，对于卵及幼鱼的照顾十分细心，亲鱼的皮肤中，可分泌一种称为慈鲷乳的粘液哺育幼鱼。

● 七彩神仙鱼的育儿方式

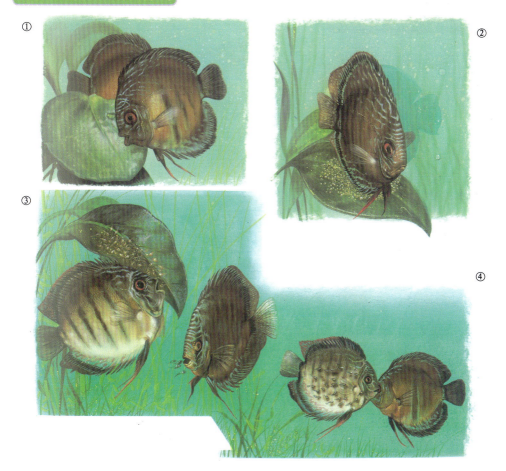

① 在繁殖期间，雄鱼与雌鱼共同用口清洁叶面宽阔的水草。

② 接着，雌鱼在叶上产卵，然后雌雄鱼交替地用鳍将干净的水泼在卵上。

③ 卵孵化后，亲鱼将幼鱼衔在口中，移往水草上，幼鱼便悬在这些水草上。

④ 不久幼鱼转而悬在亲体上，开始游泳，并且以亲体皮脂所分泌的乳液为食，双亲轮流地照顾幼鱼。

■ 袖珍动物辞典

七彩神仙鱼

● 硬骨鱼纲 ● 鲈目 ● 慈鲷科

七彩神仙鱼为原产于亚马逊河流域的慈鲷的一种，是所谓热带鱼中，受到极高评价的一种。成鱼的体形呈圆盘状，并有斑纹，其体形、体色均随成长而有变化。成鱼为肉食性，如孑孓、蚯蚓、水生昆虫等都是其食物。

鬼头刀

全长
150厘米

学名 *Coryphaena hippurus*

[食物]

（飞鱼）

（竹筴鱼）

（青花鱼）

鬼头刀死后会褪色吗？

鬼头刀是分布在世界温暖地区的回游鱼类，以追逐文鳐鱼及竹筴鱼而出名，肉味并不可口，体色极美，但死后马上褪色。

鬼头刀的生活

通常在海面处游行的鬼头刀，往往会跃出水面，尤其是追赶文鳐鱼，或被大鱼追逐时跳得更高。

鬼头刀有聚集在流木或船只等漂浮物体阴影下的习性。

仔细看

鬼头刀的成鱼雄的(右)有额头，雌的(左)则无。

金腹鬼头刀
Coryphaena equisetis
全长90厘米

金腹鬼头刀与鬼头刀的生活方式十分相近，但是躯体比鬼头刀宽，体色也较漂亮，它们与鬼头刀一样，在活生生时与刚上钩时及被送入市场时，体色都会有明显的变化。

■袖珍动物辞典
鬼头刀

●硬骨鱼纲 ●鲈目 ●鲯科

鬼头刀类分布于温带及热带的海洋中，身体左右扁平，背鳍由头部一直延伸到尾部，没有尾鳍。
夏天至秋天期间，在沿岸处产卵，每次可达数百万个，为浮游卵，幼鱼在水藻中成长。

海鲋 全长 20厘米

学名 *Ditrema temmincki*

（水蚤）

（甲壳类的动物）

[食物]

🔧 海鲋的卵在哪里孵化？

通常鱼类大都将卵产在水中孵化，但是海鲋的卵却在母体里面孵化，5~6个月后，未完全成长的幼鱼才从母体出来，这种现象叫做卵胎生。

● 海鲋的同类

新双孔海鲫
*Neoditrema
ransonneti*
全长 10厘米

海鲂的出生

①

②

一月间，在海中约30厘米深的岩缝中，雄鱼与雌鱼进行交尾，此时雌雄鱼的头朝着同一个方向。

经过一个月，卵孵化了，幼鱼仅有一毫米大，从孵化到成长5毫米之间，是借着卵黄的营养而生长的。

③

接着输卵管壁会产生含有大量蛋白质的液体，哺育幼鱼，4个月左右，幼鱼已长至将近5厘米。

■袖珍动物辞典

海鲂

●硬骨鱼纲 ●鲈目 ●海鲫科

海鲂科的种类共有30种，除日本沿岸有两种外，其他均分布于北美西部海岸。

海鲂的最大特征为卵胎生，卵胎生的鱼类除海鲂外，尚有部分的鲛和鲉、虹等。海鲂的卵极小，直径为0.6毫米，卵黄也仅有一点点，幼鱼出生后约为5厘米以上，通常由尾部先离开母体，如果由头先离开母体，则称为逆产。每条雌鱼可产20~30条幼鱼，幼鱼出生后即有寻找动物性浮游生物为食的能力。

雄鱼出生9个月后成熟，而与未成熟的雌鱼开始交配，但因雌鱼需12个月始告成熟，故此期间，雄鱼的精子在雌鱼体内呈休眠状态。

④

5~7个月后，幼鱼通常先由尾部离开母体，这时四周有许多动物性的浮游生物可供幼鱼食用。

双纹鹦鲷 全长 30厘米
学名 *Labrus bimaculatus*

雄

（虾）

（沙蚕）

（蟹）

[食物]

隆头鱼有什么奇特的姿势?

隆头鱼类分布在热带与亚热带之间的岩石或珊瑚礁多的浅海地区，以胸鳍游水，姿势十分奇特。

体色与体形极富变化，因雄雌及年龄的不同，体色与体形也有不同。

● 仔细看

隆头鱼类大部分为肉食性，嘴里并列着尖锐的牙齿，口吻可自由伸缩，用以啄食食物。

● 通常雄的隆头鱼体色及模样较美，此为双纹鹦鲷。

🔵 隆头鱼的生活

🔸 隆头鱼白天不停地活动，晚上则钻入沙中，或以水草掩盖，或躲入岩石下休息，分布较北的隆头鱼，则有在沙中冬眠的习性。

🟢 **仔细看**

多数的隆头鱼长成后体色与体形会改变，如盖马鹦鲷便是一例。

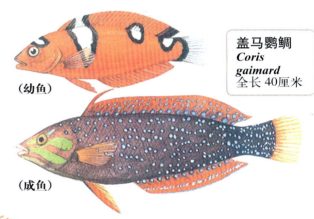

（幼鱼）

盖马鹦鲷
Coris gaimard
全长 40 厘米

（成鱼）

🔵 各式各样的隆头鱼

（雄鱼）

花翅儒艮鲷
Halichoeroes poecilepterus
全长 26 厘米

（雌鱼）

🔸 花翅儒艮鲷的雌雄体色不相同，曾经有人将雄鱼列为蓝儒艮鲷类，雌鱼则列为红儒艮鲷类的不同种类。

■袖珍动物辞典

隆头鱼

🔴 硬骨鱼纲 🔵 鲈目

🟢 隆头鱼科

隆头鱼科体长10厘米~3米不等，约有600种，尖锐的犬齿和门齿十分发达，贝类也是它们的食物，通常同一种类成群生活在同一区域。

蓝带裂唇鲷 全长 10厘米
学名 *Labroides dimidiatus*

○ 黑蓝相间的体色，十分醒目，它们具有十分明显的体色和斑纹。

（桡脚类）

（鱼虱）

[食物]

哪种鱼被称为"医生鱼"？

蓝带裂唇鲷的隆头鱼中，是具有十分奇妙习性的一种，它们会毫不在乎地接近比自己体型大的鱼，例如石斑和鲤鱼。它们以清理大鱼口中或鳃内的寄生虫为食，而这些大鱼非但不想吃它们，甚至主动地接近它们，可说是十分受到大鱼的欢迎。因此蓝带裂唇鲷有医生鱼、清洁鱼等别名。

● 仔细看

下颚的形状十分特殊，吻部突出，适于捕捉寄生在皮肤内的甲壳类。

○蓝带裂唇鲷的生活

三带钝齿鳚 全长 12厘米
学名 *Aspidontus taeniatus*

- 不仅口中，甚至鳃中也有寄生虫。

- 凶猛的肉食性鱼，也决不会把嘴合起来而伤害清洁鱼。

❓ **三带钝齿鳚与谁相似？**

　　三带钝齿鳚的体形及游泳行为与蓝带裂唇相似，故可藉此接近其他的鱼类，以下颚锐利的犬齿咬断其他鱼类的皮肤及肌肉，为鳚科的一种。

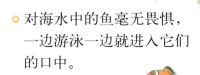

- 对海水中的鱼毫无畏惧，一边游泳一边就进入它们的口中。

- 连可怕的鲤鱼也对蓝带裂唇鲷十分友善。

- 有些鱼甚至故意接近蓝带裂唇鲷的巢。

■ 袖珍动物辞典

蓝带裂唇鲷

●硬骨鱼纲 ●鲈目 ●隆头鱼科

蓝带裂唇鲷是隆头鱼科的一种，远看也可看见十分显目的蓝色和黑色直条纹。它们游泳的方式十分特殊，身体后半部会上下摆动。它们以寄生于巨型鱼类的寄生性甲壳类为食，是一种能接近宿主而不会被捕食的鱼类，与其他隆头鱼类生活于相同的环境。

红须鲷　全长 30厘米
学名 *Mulloidichthys vanicolensis*

(沙蚕)

(虾蛄)

[食物]

🔧 红须鲷的须有什么特点?

须鲷的下颚具有两根长且十分灵活的须,将须隐藏在海底斜斜地或垂直地活动,藉此捕捉海底的食物,其须具有味觉。

🟢 仔细看

当游泳等不须使用须时,便收回下颚的沟中。

■ 袖珍动物辞典
须鲷

●硬骨鱼纲 ●鲈目 ●须鲷科

须鲷类的鱼,栖息在岩礁或珊瑚礁的沙或泥土等堆积的海底,其最大的特征在于下颚有两根长须,与鲤鱼须很相似,但是鲤鱼的须是由嘴边长出,而它们却是长在下颚的后方,须的表皮下有称为味蕾的味觉器官,长须是探索食物的重要工具。

横带石鲷 全长 50厘米
学名 *Oplegnathus fasciatus*

（藤壶）

（海胆）

[食物]

石鲷的智商高吗？

　　石鲷大部分栖息于温、亚热带水域，具有强壮的牙齿和鸟喙般的口部，可将海螺、蚌类、海胆等咬碎吞食，被认为是鱼类中智商相当高的一种。

🔵 **仔细看**

牙齿是由许多细小的牙齿聚集而成的愈合齿，极为适合咬碎硬的东西。

● 在水族馆中利用反射，表演穿过吊在水中轮子的情形。

■**袖珍动物辞典**

石鲷

●硬骨鱼纲 ●鲈目 ●石鲷类

石鲷分布于太平洋、印度洋等暖海，已知的有7种，具有由许多细小的牙齿聚集在一起的愈合齿，可以咬碎十分坚硬的东西，但是对于像草一般柔软的东西，却经常到束手无策。

初夏时产下直径约1毫米的卵，约经一日半即孵化，幼鱼在大洋中成长，孵化后不久，便与流动的水草纠缠在一起，等成长后，则在海岸边生活。雄性成鱼年纪大了以后，身体上的斑纹会变淡，石鲷是一种具有好奇心的鱼类。

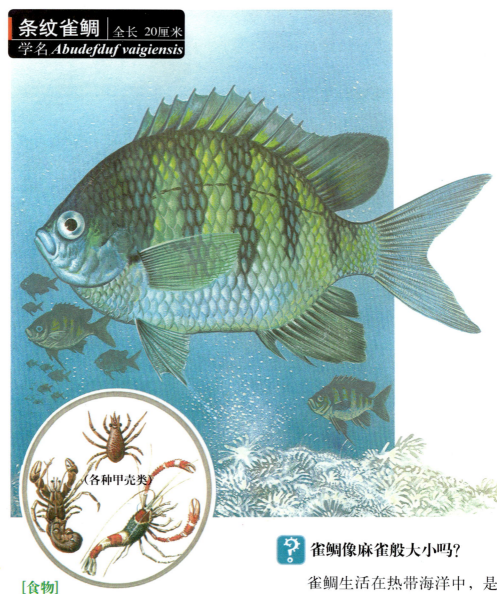

条纹雀鲷 | 全长 20厘米
学名 *Abudefduf vaigiensis*

（各种甲壳类）

[食物]

仔细看

通常鱼类的鼻孔有两对，但是雀鲷却仅有一对。

雀鲷像麻雀般大小吗?

雀鲷生活在热带海洋中，是十分美丽的鱼，虽名为鲷，但却不属于鲷科，体形像鲷，但身躯很小，如麻雀般大小，所以被称做雀鲷。它们通常以附着在珊瑚礁上的小型甲壳类和动物性浮游生物为食物。

● 各式各样的雀鲷

梭地雀鲷

黑尾圆雀鲷

黄尾雀鲷

三带圆雀鲷

霓虹雀鲷

斑鳍雀鲷

白条海葵鱼

● 海葵鱼与腔肠动物的海葵共同生活。

黑尾圆雀鲷
Dascyllus melanurus
全长 7厘米

梭地雀鲷
Abudefduf sordidus
全长 18厘米

三带圆雀鲷
Dascyllus aruarus
全长 8厘米

黄尾雀鲷
Chrysiptena hemicyanea
全长 5厘米

斑鳍雀鲷
Chromis notatus
全长 18厘米

霓虹雀鲷
Pomacentrus coelestis
全长 8厘米

白条海葵鱼
Amphiprion frenatus
全长 8厘米

■袖珍动物辞典
雀鲷

● 硬骨鱼纲 ● 鲈目 ● 雀鲷科

雀鲷科鱼类，具有硬质鳞片，刺很发达、小嘴、体色极美，是一种在水族馆可经常看见的观赏鱼类。

生活在热带珊瑚礁的海中，行群居或独居生活皆有，生活方式极具变化，除少数种类外，可供食用的不多。霓虹雀鲷在夏日里可产下长约一毫米的卵，关于产卵场所的筑巢及卵的保护等工作，均由雄性负责。卵4~5日孵化，约一年后长为成鱼。

白条海葵鱼 全长 8厘米

学名 *Amphiprion frenatus*

胃腔　　　触手

○ 海葵利用触手上的刺细胞使鱼麻痹，然后吞入胃腔中，但海葵鱼一点也不在乎，这是因为海葵鱼的皮肤可分泌一种粘液，此粘液具有保护作用，通常一只海葵上有雌雄两条寄居于内。

海葵鱼与海葵共生吗？

海葵鱼是雀鲷科的一种，又称小丑鱼，因为与腔肠动物里的海葵共生而有名。

海葵因为触手有毒，所以通常鱼类都不敢接近，但是大部分的海葵鱼却毫不在乎地在这些触手中穿梭。

海葵鱼以海葵为它行动的领域，如觅得食物也一定将食物带回此领域范围，它们吃剩的食物便成为海葵的食物，至于海葵鱼是否有意将食物给海葵吃，就不得而知了。

各式各样的海葵鱼

白背海葵鱼
Amphiprion sandaracinos
全长 6厘米

多斑双锯齿盖鱼
Amphiprion polymnus
全长 15厘米

克氏海葵鱼
Amphiprion clarkii
全长 10厘米

眼斑海葵鱼
Amphiprion ocellaris
全长 10厘米

海葵鱼（幼鱼）
Amphiprion frenatus

■袖珍动物辞典
海葵鱼

●硬骨鱼纲 ●鲈目 ●雀鲷科
海葵鱼的体色都很美，分布于印度洋与太平洋的热带珊瑚礁，计有十几种，因与海葵共生而知名。
海葵鱼不仅依附海葵而生，甚至卵也产在海葵所栖息的岩壁上。雌雄共同守护卵，由雄鱼用鳍拨水以除去卵上的尘埃，孵化后的幼鱼浮在水面上，1~2周后即可过海底生活。

蓝色石鲈 全长 45厘米

学名 *Haemulon sciurus*

🔧 鸡鱼是怎样发出声音的?

　　鸡鱼是一种分布于温带到热带地区沿岸的鱼类,行群居生活,通常躲在海草较多的海底,到了夜晚便浮到海面上。一般的鸡鱼能够利用牙齿互相摩擦而发出声音,而部分鸡鱼却能够利用鳔来发出声音。

● **各式各样的鸡鱼**

三线鸡鱼

绿石鲈

○ **仔细看**

蓝条石鲈以会亲嘴而有名,它们把嘴张开,然后再慢慢地接近,合起嘴巴。

■ **袖珍动物辞典**
鸡鱼

● 硬骨鱼纲 ● 鲈目 ● 石鲈科
鸡鱼类分布于温带到热带的沿岸,通常过着群体生活。这种鱼类的身体左右扁平,体色依成长的时期及季节而有所变化。产卵期为6~8月,接近产卵期的鸡鱼最为美味可口。
除了鸡鱼可做食用鱼外,其他的石鲈科通常被当做观赏鱼。

白花鲢

学名 *Nibea mitsukurii*

全长 60厘米

（乌贼）

（小型甲壳类）

[食物]

 **石首鱼彼此间如何联络？**

石首鱼类大都生活在大陆棚泥沙较多的海底，大部分行群居生活，并且会发出像呻吟一样的声音，作为彼此联络的信号，渔夫们捕鱼时，往往会以此为目标。这种呻吟声，是因为鱼鳔附近的肌肉伸缩与鱼鳔产生共鸣而产生的。

■袖珍动物辞典

石首鱼

●硬骨鱼纲 ●鲈目 ●石首鱼科

石首鱼科的鱼，广布于全世界的热带到温带地区，一般在主要以大陆棚为中心的海底。

石首鱼科虽然有160种之多，但却有共同的特征，背鳍分为两段，尾鳍上有两根刺，头部有坚硬的炭酸钙的块状物，称为耳石，借此可以保持身体的平衡，并且对声音很敏感，石首鱼的名称亦由此而来。

石首鱼行群体生活，大多数属肉食性，是食用鱼。

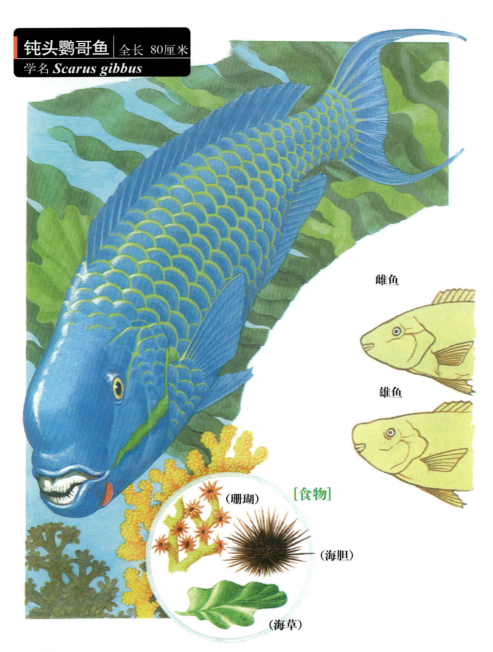

钝头鹦哥鱼 全长 80厘米
学名 *Scarus gibbus*

雌鱼

雄鱼

[食物]

（珊瑚）

（海胆）

（海草）

鹦哥鱼的牙齿和鹦哥的嘴像吗？

　　鹦哥鱼分布于热带与亚热带的珊瑚礁海域，鹦哥鱼与隆头鱼是完全不同的大型鱼。隆头鱼只有一颗牙齿，而鹦哥鱼却有很多小牙齿。这些牙齿很像鹦哥的嘴，故又叫做鹦哥鱼(parrot fish)，雌鱼与雄鱼往往因年龄的不同而产生完全不同的体色与体型。

152

● 鹦哥鱼的生活

● 强壮的牙齿可以啮食珊瑚，不能消化的部分便排出体外，一边游泳，一边排泄，看起来就像沿途洒沙一样。

● 每到晚上，身体便会产生一种粘液，形成像袋子一样的东西可以包裹住身体，然后在里面休息、睡觉，由于袋子的前后都有洞，所以不会呼吸困难，这样便可以防止鳟等的攻击。

● 各式各样的鹦哥鱼

彩虹鹦哥鱼
Pseudoscarus guacamaia
全长 90厘米

卵头鹦哥鱼
Ypsiscarus ovifrons
全长 80厘米

蓝点鹦哥鱼
Scarus ghobban
全长 80厘米

■袖珍动物辞典
鹦哥鱼
●鹦哥鱼纲 ●鲈目 ●鹦哥鱼科

鹦哥鱼科有80多种，身体由30厘米~2米不等，是分布于热带及亚热带珊瑚礁的大型鱼，与隆头鱼极为相近的种类，外形也很相似。体色与外形因雌雄和成长期阶段的不同而有所不同，每天晚上必定在固定的地方睡眠。

大西洋产的鹦哥鱼，产卵期为每年1次，卵为直径1~2.5毫米的浮游性卵，一天即可孵化。虽然是食用鱼，但味道并不怎么鲜美。

云纹石斑 | 全长 1米
学名 *Epinephelus moara*

(小鱼)

(各种甲壳类)

[食物]

🔧 鱼类中种类最多的是哪种鱼？

石斑是鲈目的一种，分布于热带与温带地区的海域，以热带多岩石或珊瑚礁的地区最多。头部比其他的鱼来得大，而且大部分的种类属于大型种，通常躲在岩洞或珊瑚礁内单独生活，与其他热带鱼相比较，体色较不鲜艳，几乎与四周岩石的颜色极相似。

包括石斑在内的鲈目，是鱼类中种类最多的一种。

● 石斑的生活

● 石斑的好奇心很强，并不怎么怕人类，它们甚至敢靠向人们吃东西。

● 休息时，会把身体靠在岩壁上。

● 石斑的同类

条纹鲈
Roccus
saxatilis

七带石斑
Epinephelus
septemfasciatus
全长 1米

霓彩鲈
Serranus
scriba
全长 25厘米

花鲈
Anthias
anthias
全长 20厘米

拟云斑石斑
Epinephelus
morio
全长 70厘米

绿鲙
Roccus
chrysops
全长 45厘米

西洋拟鲈鲙
Dicentrarchus
labrax
全长 80厘米

圆鳞鲈
Stereolepis
gigas
全长 2米

鳜鱼
Cromileptes
altivelis
全长 60厘米

星鲙
Variola
louti
全长 40厘米

樱鲈
Sacura
margaritacea
全长 20厘米

赤石斑
Epinephelus
fasciatus
全长 40厘米

多锯鲷
Polyprion americanum
全长 2米

鲈鱼
Lateolabrax japonicus
全长 1米

大石斑
Epinephelus guaza
全长 1.3米

大眼鲷
Priacanthus macracanthus
全长 40厘米

褐条石斑
Serranus cabrilla
全长 25厘米

绿棕石斑
Serranus hepatus
全长 13厘米

■袖珍动物辞典
石斑鱼

●硬骨鱼纲 ●鲈目 ●鮨科

石斑是属于鮨科里的石斑亚科鱼类的总称，出产于温带及热带地区。一般来说石斑是雌雄同体，产卵期大多在6~8月间。石斑的卵是浮游性卵，直径约0.7毫米，卵在25~27℃的水温，经过24小时即可孵化。

石斑的肉是白色的，脂肪很多，味道甚佳，但热带性的石斑部分种类却是有毒的。

青沙鲅
全长 30厘米

学名 *Sillago japonica*

（甲壳类）

（沙蚕）

[食物]

沙鲅好吃吗？

沙鲅生活于安静的海底，体形苗条，美味爽口，尤其是夏天的沙鲅特别好吃，所以它是一种极受欢迎的食用鱼。

星斑拟沙鲅
Sillaginodes punctatus
全长 53厘米

■袖珍动物辞典

沙鲅

•硬骨鱼纲 •鲈目 •沙鲅科

沙鲅通常都是数条鱼一起在离海底约10~30厘米的地方游着，初夏是产卵期，在较浅的海底产卵，是分离浮游卵。约经过20小时就会孵化。稚鱼在海面上吃浮游生物成长，但长到2~3厘米就往海底去，往后成长很快，冬天移到30~40尺深的地方生活。

日本叉齿鱼 | 全长 13厘米
学名 *Arctoscopus japonicus*

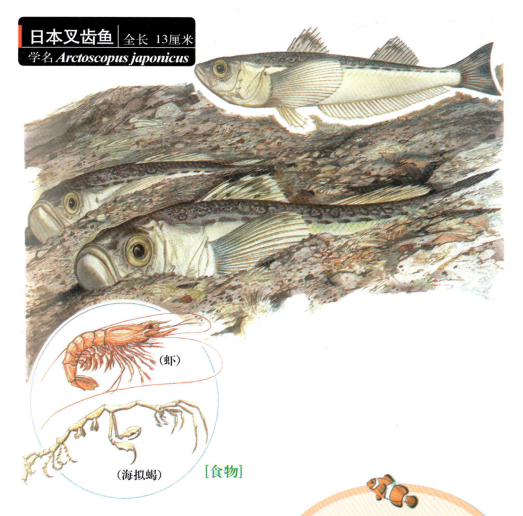

（虾）

（海拟蝎）

[食物]

日本叉齿鱼是当地的特产吗?

日本叉齿鱼只产于太平洋西北部的寒冷沿海地区，所以在日本的沿海最多，在日本的秋田县几乎成了当地的特产。

平常生活于150~300米深的沙堆或泥堆的海底，有钻进沙堆里的习性，但是一到冬天为了产卵就一大群、一大群地涌到海岸附近来，在海藻的根部生产一团一团的卵。

■袖珍动物辞典

日本叉齿鱼

●硬骨鱼纲●鲈目●日本叉齿鱼科

日本叉齿鱼分布在太平洋西北部的寒冷水域中，身体表面没有鳞，但却有大型的胸鳍。

平常生活在沙泥底，产卵1000~1500个，数目不多但卵却是大型的，产于海藻的卵块呈球状，被波涛打到海岸有时会形成层状。卵经过两个月就孵化，再过两个月，童鱼就移到深海去。

嘉鱲鱼 | 全长 80厘米
学名 *Pagrus major*

（虾）

（蟹）

[食物]

（贝）

❓ 什么时节的鲷最为美味？

鲷类的肉味鲜美，是一种极受欢迎的食用鱼，像金眼鲷、粗皮鲷等鱼类取名为鲷，但实际上并非是鲷类，这种情形非常多。

鲷在沿岸附近海底较深的地方食贝、虾、海底动物等。活动时看起来好像暗灰色的水中散布着小型的蓝点，但实际上是近似红色的体色。约4~6月的时候为了产卵会到浅的地方来，在这之前，早春时节的鲷叫做樱鲷，是味道最佳、价格也最贵的鱼。

🔵 仔细看

鲷的上下颚有类似犬齿的前齿和数列适于咬碎食物的白齿，所以能很容易地咬碎蚌、贝及牡蛎等动物。

各式各样的鲷

欧洲金鲷
Sparus
auratus
全长 70厘米

欧洲黄鲷
Dentex
dentex
全长 1米

欧洲嘉鱲鱼
Sparus
pagtus
全长 70厘米

黑纹鲷
Pagellus
centrodontus
全长 80厘米

地中海黑鲷
Diplodus
annularis
全长 20厘米

■袖珍动物辞典

鲷

●硬骨鱼纲 ●鲈目 ●鲷科

鲷几乎分布于全世界所有的海域，此科的鱼身体很宽，背鳍不分而成一片，尾鳍分叉。和鲷科没有关系却被称为鲷的有金眼鲷、鹰羽鲷、旗鲷、大眼鲷、雀鲷等等，其中有些种类体形似鲷而只有红色的也很多。

欧洲金鲷主要分布在太平洋东部、地中海等较多，10~12月产卵，属雌雄同体，能从雄鱼变化为雌鱼。地中海黑鲷为小型种，在春季产卵。以能用尖锐的牙齿咬断鱼线而有名。

印鱼 全长1米
学名 *Echeneis naucrates*

❓ 印鱼的吸盘有什么特点?

印鱼用长在头上椭圆形的吸盘粘在别的动物的腹部而生活。

吸盘是第一背鳍变化而来,其力量可拉数十公斤的东西。吸盘会贴在平直的地方造成真空状态,然后把排列在吸盘上的许多板状体竖立起来,逐渐加强真空的状态,这些板状体上长有细小的刺,它的作用是防止从寄主身上滑下来。

平常分布在热带海域,但也会跟着寄主的移动而到寒冷的海域。

[吸盘发达的过程]

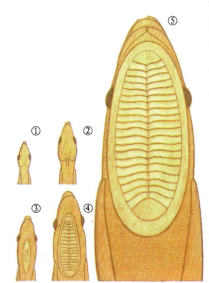

🔵 仔细看

①②吸盘最初的长度只有6~7厘米;

③随着成长变大;

④到了成鱼时长度有25厘米;

⑤吸盘的形状依种类而不同,但吸盘的功用却一样。

● 常常被印鱼粘住的动物

① ② ③ ④

⑤

● 仔细看

印鱼除了吸住鲨鱼或魟鱼以外还吸着像①旗鱼②翻车鱼③鲸鱼等大型的动物。

④在有些地方利用印鱼吸住海龟的习性来捕捉海龟，⑤印鱼有时也会吸住潜入海里的潜水员呢！

● 各式各样的印鱼

短印鱼

黑鳍印鱼

■袖珍动物辞典
印鱼
● 硬骨鱼纲 ● 鲈目 ● 印鱼科
印鱼有8种，用头上的吸盘吸住寄主，跟着寄主到处游动，所以全世界的流域都可以看到其踪迹，取食时会离开寄主。

细刺隐鱼 | 全长20厘米
学名 *Carapus parvipinnis*

（小型甲壳类）

[食物]

🔍 隐鱼生活在谁的身体里？

隐鱼的身体细长，左右扁平，生活在海参的肠里，把尖尖的尾插入海参的排出口，顺着方向溜进去，除了产卵和觅食外不会到外面来。依种类的不同其躲藏的海参的种类也有所不同，有时也会躲进海参以外的动物里面。

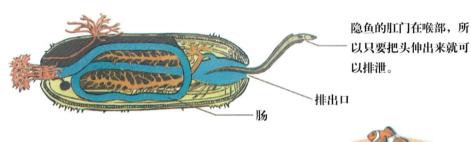

隐鱼的肛门在喉部，所以只要把头伸出来就可以排泄。

排出口

肠

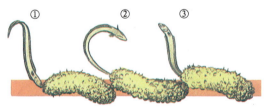

① ② ③

🟢 仔细看

海参的肠，在向排泄口的两侧鼓起来，而此处亦有呼吸器，可时常送进新鲜的水。曾有一条海参的排泄口里寄生了7条隐鱼的例子。①用眼睛观察排泄口的情况②把尾巴插进去③开始穿进去。

■袖珍动物辞典
隐鱼

●硬骨鱼纲 ●鲈目 ●隐鱼科
隐鱼分布在热带及亚热带的海底。体长30厘米，体形细长，背鳍和尾鳍一直连到尾巴，以与海参共生而有名，但也会吃海参的内脏，所以不如说是寄生更恰当。部分种类寄生于海胆、海星、蚌、贝类等体内。

颚须拟鮈隐鱼 全长 30 厘米
学名 *Ophidion barbatum*

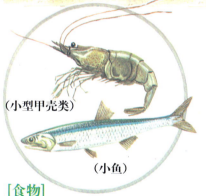

（小型甲壳类）

（小鱼）

[食物]

🔧 鼬鳚怎样保护自己并捕捉猎物？

　　鼬鳚是跟隐鱼很相似的一种鱼，生活在200米深的海底的泥土中。平时会把身体埋在沙或泥中，但有猎物时便以闪电般的速度直扑过去捕捉猎物，身体的颜色像沙或泥一样，是保护色。

　　○ 以很快的动作扑向猎物。

■袖珍动物辞典

鼬鳚

●硬骨鱼纲 ●鲈目

●鼬鳚科

此科类约有30种，分布于热带及亚热带。背鳍和尾鳍都很长，且延伸到尾尖。下颚下面有一副分叉的腹鳍。

丁挽旧旗鱼 | 全长 3.5米
学名 *Xiphias gladius*

丁挽旧旗鱼的嘴像剑吗?

丁挽旧旗鱼是大型的回游鱼,体长甚至超过5米。全身的1/3是一支长而扁平像尖嘴一样的上颚,上颚在英文及学名里都附有剑的含义。

身体虽然很大,但动作敏捷,能以极快的速度游很长的距离。

在捕食食物时,先用长长的上颚把小鱼打得无法动弹,然后再摄食。体形虽然和红肉旗鱼相似,但分类上并不同科,通过无牙齿和腹鳍可和红肉旗鱼区分。

仔细看

用上颚来搅乱鲭鱼或裸鲻鱼群的行动非常有用。上颚差不多有下颚的4倍长。

仔细看

长长的上颚偶尔用于刺死敌害，所以有时在鲨鱼或鲸鱼身上，木船的船身上可见到插着折断了的旗鱼的上颚。

● 平常在海面附近游泳，但偶尔也会潜入500~800米深海里去追逐裸鲻鱼群。

（鲭鱼）

（鲱鱼）

（乌贼）

[食物]

■ **袖珍动物辞典**
丁挽旧旗鱼

●硬骨鱼纲 ●鲈目 ●丁挽旧旗鱼科

丁挽旧旗鱼是一科一属一种的大型回游性鱼，分布于热带到寒带，由于它能常保持比海水高的体温，故能游到寒带。

与近缘的红肉旗鱼长得很像，但没有腹鳍且第一背鳍靠近头部，第二背鳍靠近尾鳍，两者相距甚远，两颚上面没有牙齿，靠此即可做为区分。在赤道附近产卵，产卵数一条约400万个，稚鱼的上下颚一样长且有牙齿。

黑背红肉旗鱼 全长 4 米

学名 *Makaira nigricans*

红肉旗鱼游速快吗?

红肉旗鱼是在海明威小说《老人与海》中所描写的有名的大型鱼。像旗鱼一样有长形下颚,以高速回游于海洋间,它的背鳍延长到身体的后面,腹鳍成为丝状,这可作为与丁挽旧旗鱼的区别。

被钓上钩的红肉旗鱼激烈地溅着水花,其跳跃的样子非常壮观。

○ 红肉旗鱼用长嘴巴搅乱小鱼的群集，使其行动缓慢后再捕食小鱼，很少用上颚来刺死小鱼而摄鱼。

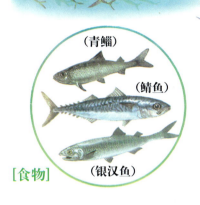

（青鲻）

（鲭鱼）

（银汉鱼）

[食物]

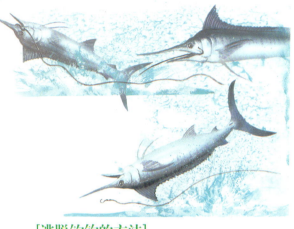

[逃脱钓钩的方法]

红肉旗鱼上钩时就向水平的方向游(上图)，然后很用力地跳跃起来回转过去，这时候鱼钩往往会掉下来(下图)。

● **各式各样的红肉旗鱼**

立翅旗鱼
Makaira indica
全长 4米

红肉旗鱼
Tetrapturus audax
全长 3米

■ 袖珍动物辞典

红肉旗鱼

● 硬骨鱼纲 ● 鲈目 ● 正旗鱼科

红肉旗鱼是广布于温带至热带比较浅的表层海域的大型鱼，有11种之多，生态极像鲔鱼，所以也被叫做旗鲔鱼。与近缘的丁挽旧旗鱼的体形有些相似，但腹鳍退化成丝状。在海中是游得最快的鱼类，时速达70~80公里。产卵于热带、亚热带的海域，卵是直径1毫米的浮游卵，一条母鱼产卵数最高达1000万个，孵化出来的雄性占大部分，一般是雌鱼的体形较大。

雨伞旗鱼 | 全长2米
学名 *Istiophorus platypterus*

雨伞旗鱼为什么叫帆走鱼?

雨伞旗鱼又名芭蕉旗鱼,是名副其实拥有很多像芭蕉叶的背鳍的旗鱼,背鳍竖在海面上游泳的样子,看起来就像一只船竖起帆一样,所以英文名叫做帆走鱼(Sailfish)。是旗鱼类中出现在最靠近海岸的种类。

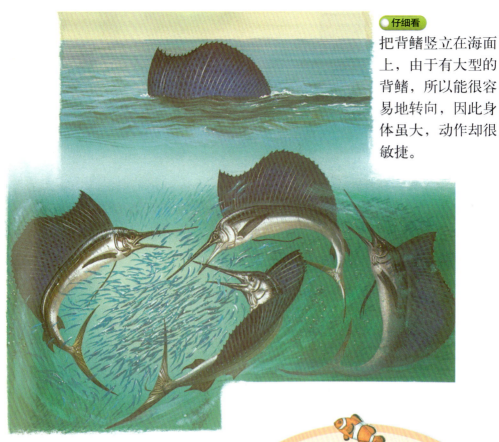

仔细看

把背鳍竖立在海面上，由于有大型的背鳍，所以能很容易地转向，因此身体虽大，动作却很敏捷。

仔细看

发现到鱼群时就数面围攻，这时把背鳍围起来，故鱼群看起来就好像被 墙壁包围着，无法逃走。范围逐渐缩小，雨伞旗鱼就用长嘴巴咬食鱼类。

● 旗鱼类的稚鱼大部分有很大的背鳍，随着年龄的增加，背鳍的前端成长也跟着加快。但雨伞旗鱼到了成鱼也不会改变。

■**袖珍动物辞典**

雨伞旗鱼

●硬骨鱼纲 ●鲈目 ●正旗鱼科

雨伞旗鱼是广布于热带到亚热带的旗鱼类，身体比其他旗鱼小，背鳍高达身高的1.5倍，这是它的特征，大部分旗鱼类的稚鱼都有这种特征，但到了成鱼还保持如此大型背鳍的只有雨伞旗鱼而已。雨伞旗鱼可以说是保持着旗鱼类特征的原始型。

在始新世纪(约5500万~3600万年前)时期已发现了类似有大背鳍的雨伞旗鱼的祖先化石，这种背鳍在游泳中追逐猎物时很有用处。

雨伞旗鱼是最常到海岸附近，且也常会在沿岸产卵的旗鱼类。

白带鱼 | 全长 1.5 米
学名 *Trichiurus lepturus*

❓ 白带鱼凶猛吗?

白带鱼的外形像闪烁着银光的长刀一样，左右扁平，细长的身躯，没有腹鳍和尾鳍，但背鳍却很发达，从头部一直延伸到尾部附近，是鲭鱼的同类。

与身体相比则嘴巴显得较大，牙齿也很尖锐，因而面孔显得很凶猛，行群体生活，分布在靠近海岸较深的海底。

[食物]

（日本鳀）

（裸鳀）

🔵 仔细看

白带鱼的稚鱼，嘴部大而短，体形宽广，很像鲭鱼或鲔鱼的稚鱼，但随着年龄的增长，就变成了与成鱼一样的体形。

蛇鲭 全长 1 米
学名 *Gempylus serpens*

蛇鲭是鲭鱼类吗？

蛇鲭又称鲭带鱼，和白带鱼属于类似种类，外型也很相似，腹鳍已经退化，部分种类甚至完全消失，但是尾鳍、臀鳍却还存在，因体形较接近鲭鱼的种类，所以被认为是白带鱼的同类里，向鲭鱼类进化过程中的中间鱼类。

■袖珍动物辞典
白带鱼
●硬骨鱼纲 ●鲈目 ●白带鱼科
白带鱼身体左右扁平且细长，属鲭亚目，约有22种，无鳞，一条侧线贯穿头尾，通常回游于海岸附近，白天在海底，夜晚便游出水面觅食。
夏季产下约2厘米的浮游性卵，肉味鲜美，是极受欢迎的食用鱼。
蛇鲭
●硬骨鱼纲 ●鲈目 ●带鲭科
带鲭科有22种。分布于热带、亚热带海域，极善于游泳，速度很快，在鲭鱼的祖先型鱼类中，属于极原始型的一种。

鲣鱼 | 全长 1 米
学名 *Euthynmus pelamis*

（日本鲹）

[食物]

（虾）

（乌贼）

○ 被鲣鱼追赶的日本鲹群，跳出水面后又被鲣鸟等海鸟围攻。

❓ 鲣鱼最喜爱的食物是什么？

　　鲣鱼是分布于温带到热带的鲭鱼类，通常，数十万尾相伴回游在海洋中，日本鲹是它们最喜欢的食物，如果一发现便上下左右群起夹攻，使得无处可逃的日本鲹只好跃出水面。由于它们善于游泳，所以尾鳍非常发达。

○ 鲣鱼喜欢尾随鲸鲛，鲸鲛以鲣鱼剩下的食物为食，并保护鲣鱼，是一种互利共生的生活方式。

西洋巴鲣
Sarda
sarda
全长 60厘米

○ 鲣鱼类中的西洋巴鲣(Sarda sarda)是分布于地中海、摩洛哥、西班牙一带的鱼类。

■袖珍动物辞典
鲣鱼

●硬骨鱼纲●鲈目●鲭科

鲣鱼是属于鲭鱼中的回游性鱼，身体为纺锤型，无鳞，体表十分光滑，是一种极能适应于回游大海中的鱼，所以广泛分布于北纬40°至南纬40°的广大区域。

生活于太平洋的鲣鱼，每年7~8月间，便在赤道附近的海洋产卵。每次产卵多达200万个，分数次产出。卵为浮游性卵，2~3天可孵化，幼鱼一年可长到15厘米左右，夏天开始北上，成长后的幼鱼，在秋天里又开始南下。它们经常尾随鲸类或流木而作集体的游动。

日本花鲭
全长 40厘米

学名 *Scomber japonicus*

? 鲭鱼有什么统一特征？

鲭鱼广泛分布于全世界，但每一种的背部都有黑色的条纹，为主要的食用鱼之一。与同类的鲔鱼、鲣鱼一样，都属于群栖性，身体十分苗条，呈流线型，游泳能力极强。

（幼虾）

（日本鳀）

（真鰯）

（乌贼）

[食物]

大西洋的花鲭鱼是回游于冰岛及加那利群岛之间的大西洋及地中海、黑海鱼类。

仔细看

在臀鳍和尾之间及背鳍与尾之间，有5个小型且坚硬的离鳍，这种离鳍是鲭鱼类的特征。

大西洋花鲭

仔细看
初夏时大群鲭鱼北上回
游的空中俯瞰图。

○ 鲭鱼没有鳔，所以一遇到危险，便可以马上潜入深水中，鲭
鱼常被鲔鱼等大型同种类或鲔、旗鱼等追捕。

● **各式各样的鲭鱼**

西班牙花鲭
*Scomber
colias*

秘鲁花鲭
*Scomber
peruanus*

■ **袖珍动物辞典**
鲭鱼

● 硬骨鱼纲 ● 鲈目 ● 鲭鱼科

鲭鱼与鲔鱼有着极密切的类缘关系，但
是体形比鲔鱼小很多，是一种分布极广
的回游性鱼，背部有黑色波纹，在臀鳍
与尾及背鳍与尾之间，各有5个离鳍。
台湾近海有尖头花鲭、日本鲭、金带花
鲭等，太平洋的日本花鲭，初夏北上，
在北方海洋成长，产卵期为3~5月，一
只母鱼产卵量可达140万个之多，卵2~3
日便可孵化，幼鱼长到10厘米左右，背
部的特征便逐渐显现出。经2~3年则完
全成熟。

黑鲔 | 全长3米
学名 *Thunnus thynnus*

鲔在哪里产卵？

鲔和鲭鱼是相近的同类，同属于生活于外洋的回游性鱼，但它们的游泳速度、时间、距离却比鲭鱼快且长久。

冬天生活在100~500米深的深海地方，春天到夏天为其产卵期，此时鲔鱼会浮到海面上，产卵地区是在水温24℃以上的热带或亚热带海洋，通常以鲔鱼类的中型回游性鱼以及沙丁鱼、竹荚鱼等生活在海面附近的鱼类为食。

● 仔细看

鲔的幼鱼，身体上有十几条的横纹。

🔵 鲔的身体结构

🟢 仔细看

鲔鱼的体形为流线型，在游泳时可减少阻力，而且体温常保持着比水温高6~12℃，此外还具有适合长距离回游性鱼的的各种特征。

第一背鳍的根部有一道沟，不使用时便折叠起来。

尾鳍为了使巨大的身体前进，因而变得非常尖锐。

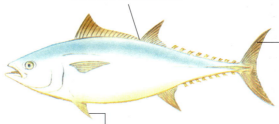

腹鳍不使用时便紧贴着身体，胸鳍也可折叠。

🟢 仔细看

长鳍鲔的胸鳍比其他的鲔鱼长。全长1米，是鲔鱼中体型较小的一种，肉呈白色。

长鳍鲔
Thunnus alalunga
全长 1米

🟠 杀人鲸是黑鲔的唯一敌害。

[食物]

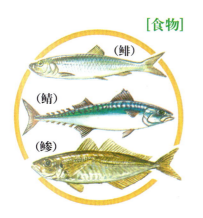

（鲱）

（鲭）

（鲹）

■ 袖珍动物辞典

鲔鱼

🔵 硬骨鱼纲 🔵 鲈目 🟢 鲭鱼科

鲔鱼和鲣鱼、鲭鱼都属于鲭鱼科的回游性鱼，鲔属包括5种，为重要的水产资源。

鲭科特有的离鳍在第二背鳍和臀鳍后面均有。其特征是血管的网目组织非常细密，使此肌肉呈红色，味道极佳，尤其是1~2月左右，由于脂肪肥厚，更是十分可口。

成长极快，约1年即可与成鱼一般大小，但得经过3年才有繁殖能力。

楔尾蓝粗皮鲷 全长25厘米
学名 *Paracanthurus hepatus*

🔧 粗皮鲷类的种类多吗?

粗皮鲷类通常分布于热带至温带的岩礁区，种类极多，体色大多极为华丽，以海草及石灰层为食物。

🔵仔细看
尾鳍的根部有突出的刺，因此捕捉它们时手往往会被刺伤。

🔵仔细看
锯齿的形状，很适合啃食海草和石灰层。

🔸 一般鱼类是借着身体和尾巴的左右摇摆前进，但是粗皮鲷类却利用它们大型的胸鳍，像鸟的翅膀一样上下挥动，这种方法游起来的速度较慢，不过却适合于在波浪较大或海底不平的地方生活。

各式各样的粗皮鲷

线纹粗皮鲷

星斑粗皮鲷

蓝身粗皮鲷（幼鱼）

独角天狗鲷

白腹粗皮鲷

长鳍粗皮鲷

三棘天狗鲷

■ 袖珍动物辞典

粗皮鲷

● 硬骨鱼纲 ● 鲈目 ● 粗皮鲷科

粗皮鲷类和蝶鱼一样，身体左右扁平，而略呈圆盘型。

通常数十条行群体生活，在浅海形成分散点，各有其生活领域，但活动范围很小。春天产卵，幼鱼游往外洋，以浮游生物为食，成长后便回到沿岸附近生活。

体色通常极鲜艳，故常被当做观赏鱼，与皮剥鲀一样，食用时必须剥皮。

钩鱼

全长 60厘米

学名 *Kurtus gulliveri*

❓ **雄性钩鱼的头部有什么有趣的特点？**

　　钩鱼分布于太平洋与印度洋沿岸，及海水、淡水混合的水域，行群居生活。

　　十分有趣的是，雄性成鱼头部前端，有伸出呈钥匙状的突起，具有支撑和保护卵块的作用，等孵化后，便轻轻擦在水草上，使幼鱼因此可以附在水草上。

🔵 **仔细看**

头的上部可以保护鱼卵。

🔵 **仔细看**

钩鱼头部构造的情形。

■袖珍动物辞典

钩鱼

●硬骨鱼纲 ●鲈目 ●钩鱼科

钩鱼分布于澳洲西部、新几内亚岛、印度洋西部的海水与淡水交汇处，甚至也有生活于内陆的淡水域中。只有1属1种，身体后半部细长，然其最大特征在于雄性成鱼的头部，有钥匙状的突起，通常雄鱼将卵放在这里，加以保护。

杂臭都鱼

全长 25 厘米

学名 *Siganus puellus*

[食物]

(海草)

🔧 **杂臭都鱼为什么又叫"兔鱼"？**

臭都鱼又称篮子鱼，是分布于日本到澳洲东部的太平洋以及印度洋、红海的热带性鱼类。口吻很像兔子，所以英文又称"兔鱼"，吃东西时的样子也很像兔子。在背鳍、臀鳍、尾鳍上长有坚硬且长的刺，长刺的根部会分泌毒液，故被刺到时会感到剧痛。

■**袖珍动物辞典**

臭都鱼

●硬骨鱼纲 ●鲈目 ●臭都鱼科

臭都鱼科的鱼约有30种，广布于太平洋、印度洋、红海。体形成卵形，体表有许多不规则斑纹，与一般热带性鱼一样，具有变化体色能力，背鳍、尾鳍和腹鳍上有坚硬且锐利的长刺，长刺的侧面有沟，根部有毒腺，它们产卵的情形目前不详，由幼鱼到成鱼的成长过程中，体表上的斑纹会产生变化，可当做食用鱼。

● 仔细看

有时也会啮食珊瑚，这时它那兔子般的嘴部便会发生极大的效用。

白鲳　　全长 60厘米
学名 *Pampus argenteus*

鲳鱼吃什么为生?

　　鲳鱼类的体表光滑，体呈卵形，从出生到幼鱼时代，与水母行共生生活，以水母剩余的食物为生，但却不会受到水母毒刺的攻击。长成后，白天游到水面，夜晚便沉入海底。

加州拟鲳
Peprilus simillina
全长 60厘米

黑虾虎 全长 15厘米
学名 *Gobius niger*

（沙蚕）

（虾）

（绿紫菜）

[食物]

虾虎怎样附着在岩石上？

虾虎是除了外洋以外而分布在全世界各水域中的鱼类，通常分布于多礁或泥滩地带的浅海区，也有生活在内陆的淤泥中。

多数种类的虾虎在其腹部有一对腹鳍，愈合起来会成为吸盘状，借此可以附着在岩石上面，而避免被水冲走。

● 仔细看

虾虎的腹鳍愈合起来成为吸盘状，具有附着物体的功能。

185

虾虎的生活

仔细看

由塘鳢到虾虎，因种类的不同，腹鳍也进化而成不同的模样。

仔细看

繁殖期时雄鱼的口部变得宽大，由侧面看，嘴角成方形。

① 塘鳢

② 栉赤鲨

③ 弹涂鱼(幼鱼)

④ 正虾虎

入口　　　入口

仔细看

虾虎在贝壳、石头下，或螃蟹、虾以及自己掘的洞穴中产卵，正虾虎的巢，入口较窄，中间成广阔的丫字型，最底部的凹陷可供产卵。

仔细看

虾虎的卵，通常粘在其他东西上，如沙、石头、水草等。

仔细看

①虾虎使用胸鳍打架②跳跃③或潜入蚌壳下面，在鱼类中它们可说是非常有趣的一群。

①

②

③

各式各样的虾虎

正虾虎
Acanthogobius flavimanus
全长 20~25厘米

黄条虾虎
Brachygobius xanthozona
全长 5厘米

黑点蚬虎
Gobius fluriatilis
全长 8厘米

栉孔虾虎
Ctenotrypouchen wakae
全长 15厘米

矮虾虎
Pandaka pygmaea
全长 1.5厘米

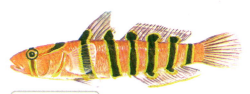

翼鲨
Pterogobius elapoides
全长 11厘米

● 彼得氏白鲹是一种分布于岩岸的虾虎类。

彼得氏白鲹
Leucopsarion petersi
全长 5厘米

■袖珍动物辞典

虾虎

● 硬骨鱼纲 ● 鲈目 ● 虾虎科

虾虎科有600种以上，其中菲律宾的矮虾虎(Pandaka pygmaea)成鱼全长1.5厘米，不但是鱼类，也是世界上最小的脊椎动物，虾虎类的皮肤通常都具有粘性而滑溜。

虾虎产卵期为1~5月，雄性成熟得较快，卵长5厘米，成茄子状，具有粘着力。在13摄氏度的水温下约28日便可孵化，通常出生后的第二年，产完卵便会死亡。

南方弹涂鱼
全长 11厘米
学名 *Periophthalmus vulgaris*

弹涂鱼常在陆上生活吗?

弹涂鱼与大弹涂鱼一样，可以长期在陆上生存。如果不定期游出水面便会死亡。

弹涂鱼，不像大弹涂鱼只能生活在泥沼中，弹涂鱼在海岸附近的石头、木块上也可发现它们，和大弹涂鱼一样，它们的头上也有两颗灵活的眼睛，只是比大弹涂鱼小。

[食物]

(虾)

(沙蚕)

(幼蟹)

仔细看

弹涂鱼的眼睛可以左右灵活地转动，同时看空中与水中两个世界。

188

弹涂鱼的生活

○ 胸鳍的肌肉十分发达，因此可以当做前脚使用，在退潮的海岸上，每次可跳1厘米。

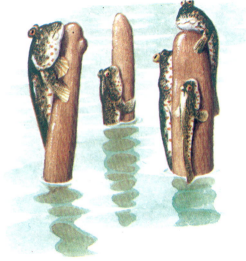

○ 尾鳍的肌肉也很发达，可以用来飞跃。

○ 涨潮的时候，便爬在露出水面的木柱或石头上，静止不动。

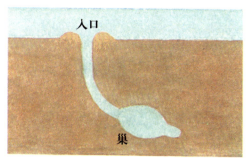

入口

巢

○ 巢在海底泥中，冬天一到便躲在里面。

■袖珍动物辞典

弹涂鱼

●硬骨鱼纲 ●鲈目 ●虾虎科

弹涂鱼与大弹涂鱼都是属于虾虎科，但弹涂鱼体形比大弹涂鱼小，而且食物也不相同。弹涂鱼可以在树上或石头上行走，也可以抓取木头或泥土上的东西为食，极善于攀爬，没有肺部，但是喉部内有发达的毛细血管可以呼吸。

189

大弹涂鱼 | 全长 20厘米
学名 *Boleophthalmus chinensis*

大弹涂鱼如何敏感地察觉到敌人？

大弹涂鱼是分布于东南亚及日本一带的虾虎类，生活在干潟(退潮后露出的沙滩)或泥土里，当感到有敌人接近时，便很快地逃入巢穴中。

以细小的牙齿啃食泥土的硅藻，往往会在泥上留下齿痕。

巢深约1米

产卵室

●仔细看

通常生活在干潟地区的泥土上，但有时会飞跃，飞跃时身上的鳍全部都会张开。

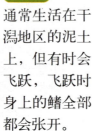

■袖珍动物辞典
大弹涂鱼

●硬骨鱼纲 ●鲈目 ●虾虎科

大弹涂鱼和弹涂鱼都是能够长期在空气中生活的虾虎科，具有宽大的背鳍以及头上突出的眼睛，视觉很发达，可以很快地发现外敌的侵犯而加以防范。涨潮时便躲入巢中，退潮时便以矽藻类为食，冬天躲在巢中不外出，也不吃东西。

卵长约1.5毫米左右，产在巢穴中产卵室的墙上，幼鱼生活在水中，两个月左右，便已具有成鱼的形状。

棕塘鳢

全长 12厘米

学名 *Eleotris fusca*

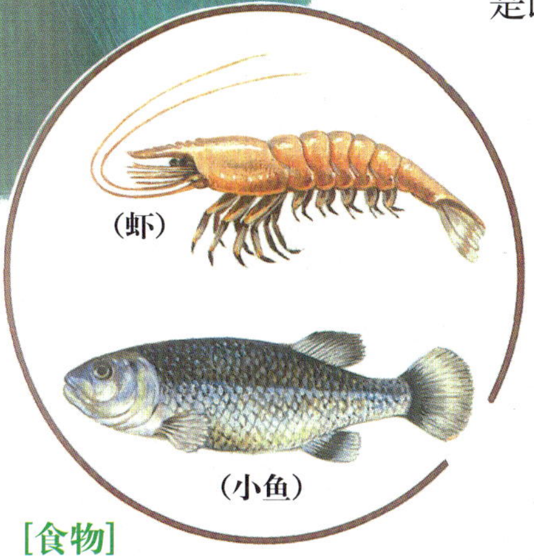

(虾)

(小鱼)

[食物]

塘鳢的腹鳍有什么特点?

塘鳢是与虾虎非常接近的种类,但是它们的腹鳍分为左右两部分,而不像虾虎是合成一个吸盘,广泛分布于热带、亚热带的淡水与海水混合的水域。白天躲在河底的洞穴或石头下,黄昏后便出来觅食,是以小虾和小鱼为生的肉食性鱼类。

● 塘鳢的腹鳍左右完全分开。

● 虾虎的腹鳍由正中央合成一片,看起来像吸盘。

191

白天躲在河川的石头下，卵也产在石头下，与虾虎一样，由雄鱼来守护。

塘鳢的同类

锯塘鳢
Butis butis

黑背塘鳢
Mogurnda mogurnda
全长 20厘米

克宁氏塘鳢
Percottus glehni
全长 24厘米

拟鲤塘鳢
Hypseleotris cyprinoides
全长 7厘米

■袖珍动物辞典

塘鳢

● 硬骨鱼纲 ● 鲈目 ● 塘鳢科

塘鳢与虾虎的关系十分密切，分布于热带及亚热带海水和淡水混合水域。体色为暗棕色而且有不规则的斑纹，体色随环境而变化，极不容易被发现。

夏季是产卵期，卵呈纺锤型，产在河川的石缝中，目前除了知道它们是肉食性鱼外，其他生态不清楚。

狼鱼（北大西洋产）全长 40～200厘米
学名 *Anarhichas lupus*

（虾）

（贝）

[食物]

狼鱼是不是面目可憎？

　　狼鱼分布于北半球寒冷的海域里，有着极凶暴的面目，上下各有4颗强大的犬齿，像海扇一样坚硬的贝壳也会被嚼碎。身体被粘液包围，所以能够在寒冷的地区生活。一般体长为40～100厘米，但也偶有长达两米的大型鱼。

■袖珍动物辞典
狼鱼
●硬骨鱼纲 ●鲈目 ●狼鱼科
狼鱼的外形与鳚很相似，其最大特征是上下颚各有4颗强大的犬齿，身体具有大型皱褶，体表有鳞片，胸鳍发达，背鳍有鳍条，没有腹鳍。10月～11月间产卵，产于海岸附近多海草的地方，卵的直径为5～6毫米，往往会集成15～20厘米的卵块，粘在海草上，在英格兰、苏格兰叫做岩鲑(rock salmon)，为食用鱼之一。

鬓冠鳚鱼 全长 10厘米

学名 *Scartella cristata*

鳚类的适应能力强吗?

鳚类包括多种种类,体形大都呈细长状,被所分泌的粘液包住,所以对各种水温或盐的变化均有适应力,故可生活于各种环境的海洋中,通常栖息于退潮后的海岸岩石下。

(甲壳类)

[食物]

● 仔细看

眼睛和鼻孔上有各式各样的突起,是皮肤变化而产生的。

● 成鱼有用身体包住卵,加以保护的习性,此时体色变得很华丽。

各式各样的鳚

眼纹鳚
Blennius ocellaris
全长 25厘米

变鳚
Pictiblennius yatabei
全长 9厘米

○ 眼纹鳚因很像蝴蝶，故有"海中蝴蝶"之称。

孔雀鳚
Blennius pavo
全长 12厘米

围眼蛙鳚
Istiblennius periophthalmus
全长 14厘米

带鳚
Xiphasia setifer
全长 60厘米

■袖珍动物辞典

鳚

●硬骨鱼纲 ●鲈目 ●鳚科

鳚类广布于世界各地，在海岸岩缝或石头下均可发现，行动不太活泼，具有发达的背鳍，体形像被压扁的泥鳅，没有侧线。

鳚类包括许多种类，且其分类极为复杂，鳚类中的眼纹鳚分布于地中海和大西洋水域，全长25厘米，有将卵产于海底石缝或岩缝处的习惯。

美虎鳉 全长 20厘米
学名 *Parapercis pulchella*

美虎鳉如何保护自己？

美虎鳉又称美拟鲈，分布于温带到热带的海洋中，体形像鳉一样成圆筒状。大多数的种类有许多横条纹，具有保护色的作用。通常栖息于海底，除了捕捉食物外，很少活动。

虎鳉的同类

六横斑虎鳉
Parapercis
sexfasciata
全长 20厘米

■**袖珍动物辞典**
虎鳉

●硬骨鱼纲 ●鲈目 ●虎鳉科
虎鳉科的鱼分布于温带到热带地区，以沿岸浅滩或100米左右的大陆棚内为主。它们的身体呈圆筒形，头部为圆锥形，背鳍很长，占全长的2/3。六横斑虎鳉的卵为球形分离性浮游卵，春天到初夏为其产卵期。

日本瞻星鱼 全长 30厘米
学名 *Uranoscopus japonicus*

日本瞻星鱼会吐丝吗?

　　日本瞻星鱼类,又称网纹鰧,口部往上斜,眼睛生在头上方,英文称之为"望星者"(Stargazers)。常钻在海底的沙或泥土中,只露出口部和头部,等待食物接近。当有食物接近时,口中便会吐出丝状物质,粘住后便趁机捉住并吞入口中。

平嘴瞻星鱼
Trachanus draco
全长 40厘米

○ 平嘴瞻星鱼和日本瞻星鱼一样,眼睛长在头上,其嘴部与体轴平行。

■袖珍动物辞典
瞻星鱼

● 硬骨鱼纲 ● 鲈目 ● 瞻星鱼科

瞻星鱼大都有扁平的头部和歪斜的大嘴巴,头上的眼睛左右分开,鳞片小型、腹鳍在咽喉下方约有20多种。除了欧洲产的西洋瞻星鱼以外,其他全分布于太平洋和印度洋。少数瞻星鱼体上具有发电器,为海产硬骨鱼中唯一能发电的鱼类。西洋瞻星鱼的胸鳍上含有毒腺。

杜父鱼
全长 10~18厘米
学名 *Cottus gobio*

（鱼卵）

（虾）

（水生昆虫的幼虫）

[食物]

❓ 杜父鱼类都是大头大嘴巴吗？

杜父鱼类大都分布于北半球寒冷的湖、川中，头部和嘴巴都很大，生活于小石头多的水底，经常将头部朝向上游，并保持不动的姿态。寻求食物时，便在石缝中迅速地穿梭，有时也以鲑或鳟的卵或幼鱼为食。

○ 雄性杜父鱼在石头下筑巢，引诱雌鱼产卵，在孵化之前，都由雄鱼看守，并且以胸鳍拨送新鲜的水。

● 各式各样的杜父鱼

绿斑杜父鱼
***Ainocottus
ensiger***
全长 36厘米

● 胎生贝加湖鱼和贝加尔狗母只
　产于西伯利亚的贝加尔湖。

胎生贝加湖鱼
***Comephorus
baicalensis***
全长 20厘米

贝加尔狗母
***Cottocomephorus
scorpius***
全长 18厘米

波拉杜父鱼
***Cottus
pollux***
全长 15厘米

■ 袖珍动物辞典

杜父鱼

●硬骨鱼纲●鲉目●杜父鱼科

杜父鱼科约有300种，大部分生活于北半球的寒冷地区，其中部分生活于淡水中。

于早春时产卵，雄鱼将产卵场所布置好后，便进行产卵和受精，产下卵后由雄鱼看守，并且以胸鳍拨送新鲜的水，在这期间雄鱼除了寻找食物外，完全不敢懈怠，雌鱼产卵后便立刻离去，每次产卵约700个，卵的直径约为3毫米宽。

飞角鱼 全长 35厘米
学名 *Dactyloptena arientalis*

飞角鱼能飞吗?

飞角鱼和鲂鮄的体形很相似,但在分类上却没有任何关系。据说能像飞鱼一样,可由水中飞出水面,不过至今并未确定其真实性。

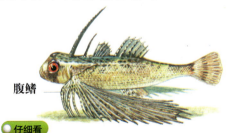

腹鳍

仔细看

腹鳍细长且厚,可以在海底步行,背鳍中的部分有毒刺,其中一根特别长,身上并长有硬鳞。

■袖珍动物辞典

飞角鱼

● 硬骨鱼纲 ● 飞角鱼目 ● 飞角鱼科

飞角鱼为生活于暖海海底的鱼类,具有骨质的头部,背鳍的第1、2棘独立,其中第1棘特别长,体上披有硬鳞。

夏季产卵,卵属于浮游性卵,卵孵化后,幼鱼过浮游生活,体长超过15厘米,与成鱼极相似,不久便在海底生活。

圆鳍鱼	全长(雄)35厘米 (雌)50厘米
学名 *Cyclopterus lumpus*	

圆鳍鱼善于游泳吗?

圆鳍鱼类的腹鳍左右分开，合起来便形成一个圆盘状的吸盘，不善于游泳，稍微游一下便立刻吸在岩石上，以便支撑着身体。由雄鱼看守卵，卵呈黑色。

● 腹鳍变化后，形成吸盘的样子。

雀鱼

狮子鱼

■袖珍动物辞典

圆鳍鱼

●硬骨鱼纲 ●鲉目 ●圆鳍鱼科

圆鳍鱼科约有30种，除了少部分以外，其余皆属于寒带鱼类，灯光圆鳍鱼产于北大西洋，可以食用。3月左右产卵，孵化后，亲鱼便游向深海，幼鱼约两年内都在海岸附近生活。

圆鳍鱼是一种不到3厘米的球形小鱼，生活于水深1~20米的浅礁地带，产卵期在2~3月间。

● 身体非常柔软的狮子鱼，其腹鳍也会形成像吸盘的样子。

印度牛尾鱼 全长 60厘米
学名 *Platycephalus indicus*

仔细看
由侧面看，体形十分具流线型。

(虾)

(小鱼)

(沙蚕)

[食物]

牛尾鱼和虾虎像吗?

　　牛尾鱼看起来就好像是被压扁的虾虎一样，这种体形极适合将腹部趴在沙石或泥土上，等待猎物的出现。当它们游动时，腹部与海底极为接近，看起来就像贴着海底而前进。

■袖珍动物辞典
牛尾鱼

●硬骨鱼纲 ●鲉目 ●牛尾鱼科
印度牛尾鱼的身体上下扁平，由上往下看则头部成一三角形，是牛尾鱼科中体型最大的一种。
在水深一至数十米的地方生活，游动时腹部与海底十分接近。冬天不活动，夏季为其产卵期，肉味鲜美，可食用。

六线鱼

全长 30厘米

学名 *Hexagrammos otakii*

(虾)

(海竹节虫)

[食物]

六线鱼生性安静吗?

　　六线鱼在岩石多且海草茂盛的海底，静静地生活着，因其体色和四周的岩石很像且不好动，所以不易被发现，其同类有黑背六线鱼和花斑六线鱼。

● 六线鱼的同类

远东多线鱼
Pleurogrammus azonus
全长 40厘米

斑头鱼
Agrammus agrammus
全长 30厘米

　　■袖珍动物辞典

六线鱼

● 硬骨鱼纲 ● 鲤目 ● 六线鱼科

黑背六线鱼与花斑六线鱼属于同一种类，身体细长，背鳍分为两部分，并且有5条侧线，但花斑六线鱼则只有一条侧线，且每个个体都截然不同。每当秋天到冬天期间，在浅海的岩石上产卵，成熟卵约有2厘米，产卵数多达数千个。幼鱼栖息于礁石处，性不好动，体色会变化。
在夏、秋之间是垂钓的对象。

地中海鲉 全长 50厘米

学名 *Scorpaena scrofa*

(虾蛄)

(蟹)

[食物]

❓ 鲉类吃什么为生？

　　鲉类分布于岩礁多的地方，体色与岩石及海草十分相像，所以不容易被发现，不善于游泳，往往独自躲在岩石下生活，凡是出现在其眼前的虾或蟹，都会成为其食物，背鳍中的刺有毒，在台湾又名为石狗公。

● 鲉的生活

● 鲉的体色和周围的环境很相似，当有鱼或虾接近时，便立刻捕食。

● 鲉的同类

鲉
Sebasticus marmoratus
全长 25厘米

● 鲉是属于幼鱼在雌鱼体内孵化的卵胎生鱼类，幼鱼长达4~5毫米，具有游水能力。鲉的味道极美，可当食用鱼。

● 卵被似胶的东西包围着，并成一块状在海上漂浮着。

● 口很大，可以吞食和自己一样大的鱼。

● 鲉类具有毒刺，当潜水员接近时，如果不小心，触到其背鳍，则会感到麻痹。

■ **袖珍动物辞典**

鲉

● 硬骨鱼纲 ● 鲉目 ● 鲉科

鲉科包括数百种种类，多分布于温带的深海中，产卵时便游到海岸附近。鲉和鲉鲬，鲈鲉都属于卵胎生的鱼类，它们雌、雄性的成熟期不一致，所以先把精子送入未成熟的卵巢中，等到卵已成熟时再行孵化。外形与体色都不美丽，但其肉味却极鲜美。

鲈鲉 | 全长 50厘米

学名 *Sebastes marinus*

（割壳虾）

（藻虾）

[食物]

鲈鲉喜欢单独活动吗？

与黑鲉同类的鲈鲉是生活在多岩礁的海岸水域，是经常可看到的鱼类，往往单独活动，以腹部紧靠着岩石上，鲈鲉却常数条成群地聚在海草茂盛的岩洞中，头部向上而静止不动。

鲈鲉无论是在生活场所还是食物等方面都与鲉彼此之间有着显著的差异。

● 鲉以海底的小动物为食，但是鲈鲉却以附着在海草上的甲壳类为食。

206

● 鲈鲉的生活

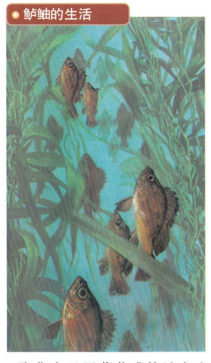

● 鲈鲉和鲉一样，属于卵胎生，每次可产下一大群比鲉更小的稚鱼，稚鱼的体长大约4毫米。

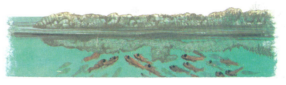

● 聚集在马尾藻茂盛的地方生活，头部向上。

● 幼鱼稍为长大后，便聚集在海藻中成长，每当夜晚或大鱼接近时，便躲入藻中。

● 各式各样的鲈鲉

黑鲈鲉
Sebastes inermis
全长 20厘米

杰纳氏鲈鲉
Sebastes joyneri
全长 20厘米

■袖珍动物辞典

鲈鲉

● 硬骨鱼纲 ● 鲉目 ● 鲉科

鲉目之中，鲈鲉属约有30种，生活于水深约100米的海底。它们与鲉的生活习性、食物都不同，但却都为卵胎生。交尾期在11月左右，雌鱼比雄鱼较晚成熟，卵巢大约在交尾后一个月才成熟。受精后1~2个月，幼鱼离开母体，在海藻上生活，2~3年后才会成熟。

魔鬼蓑鲉 | 全长 30厘米
学名 *Pterois volitons*

(虾)

(蟹)

(鱼)

[食物]

○ 仔细看

与瞻星鱼一样，用大口把极大的食物吞入腹中。

蓑鲉的毒刺厉害吗?

　　蓑鲉的鳍很大，但不善于游泳，往往躲在礁缝中，等猎物接近时便立刻捕捉。背鳍有毒刺，平常由一层薄膜包围着，当遇到敌害时，膜便破裂，而用毒刺攻击对方。

○ 潜水员若不小心被毒刺刺到，虽然会感到剧痛，但还不至于死亡。

○ 蓑鲉的卵，包着一层胶质，直到卵孵化前，都呈块状，漂浮在海面上。

● 各式各样的蓑鲉

花斑蓑鲉

龙须蓑鲉

触角蓑鲉

■袖珍动物辞典

蓑鲉

● 硬骨鱼纲 ● 鲉目 ● 鲉科

蓑鲉类与鲉类皆具有大型的嘴，鳍很发达，尤以胸鳍为最，所以很容易辨别。鳍虽大，却不善于游泳，极具攻击性，只要看到会动的东西，便用毒刺展开攻击。毒刺有强烈的毒性，被刺中会立刻感到剧痛，属于神经毒。

玫瑰毒鲉 全长 25厘米
学名 *Synaceia verrucosa*

◉ 分布于沿海沙中或海底泥中的种类，体色大多呈灰暗色。

毒鲉又丑又有毒吗?

　　毒鲉类的外形极丑，并有毒刺，眼睛与下颚突出，背鳍参差不齐，所以让人觉得全身凹凸不平。

　　背鳍上有毒刺，遇到人时，在根部会有毒腺分泌毒液，由毒刺流向对方，人类被刺到时会觉得呼吸困难。静止在海底或岩礁处，等待猎物接近，体色依周围环境而变化，因此不易被发现，等猎物接近时会敏捷地吞食。

各式各样的毒鲉

日本毒鲉
*Inimicus
japonicus*
全长 25厘米

达摩毒鲉
*Erosa
erosa*
全长 15厘米

毒鲉的生活

● 生活在深海中者，大多呈红色或稍带黄色。

● 体型凹凸不平，很像岩石，所以不容易被发现，适合于等待猎物。

● 体色随环境而变，生活于海草多的地方，大多呈赤紫色。

■ 袖珍动物辞典

毒鲉

● 硬骨鱼纲 ● 鲉目 ● 毒鲉科，

毒鲉的体表欠鳞片，嘴部很大，向上开口而突出，背鳍有毒刺，体色随环境而变，所以极难辨认。在无意中碰到或踩到，则会因毒刺根部的毒腺分泌毒液，而感到疼痛，有时甚至会休克。

游泳能力甚差，通常在海底或岩礁处，静待猎物的出现，捕食的动作极快，一张口便吞了下去。

角鱼 | 全长 40厘米
学名 *Chelidonichthys spinosus*

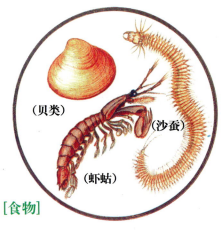

（贝类）

（沙蚕）

（虾蛄）

[食物]

❓ 角鱼很美丽而且长着翅膀吗？

角鱼类生活于内湾多泥沙的海底，外形极为美丽，胸鳍很宽大，看来像翅膀一般，而且下方有3只手指一样的肢脚，可在海底攀爬及捕捉猎物。

●角鱼的生活

○ 角鱼利用鱼鳔发出声音，当许多鱼聚集在一起时，"嘎嘎！咕咕！"地，简直就像蛙鸣。

○ 胸鳍很宽大，平常收缩于体侧，但一张开来便像一对翅膀，可在水中滑行游泳。

■袖珍动物辞典
角鱼
● 硬骨鱼纲 ● 鲈目 ● 角鱼科

角鱼头部有坚硬的骨枝，胸鳍大且呈蓝绿色，十分美丽，可用胸鳍爬行，大多分布在热带及温带较深的海底。鱼鳔可以发出声音，那是利用特殊肌肉，振动鱼鳔壁而产生的现象。初夏为繁殖期，到秋天，幼鱼即成长如成鱼一样的体形。

○ 胸鳍下方有一对3只手指那样的肢脚，肢脚前端有味觉。

东方黄角鱼的须有什么作用?

　　东方黄角鱼生活在比角鱼更深的海底，口部两端非常突出，下颚有须，可用来探索食物。

小鳍角鱼
Lepidotrigla microptera
全长 30厘米

仔细看

　　小鳍角鱼与角鱼同类，可于日本海附近看见。

蓝斑鼠䲗鱼 | 全长 30厘米
学名 *Callionymus lyra*

[食物]

(虾)

(贝)

 鼠䲗鱼捕食时有什么特点?

　　鼠䲗鱼类通常分布于沿岸至400米的海底，它们捕食的方式，就像猫一样静静地守候着，等猎物一出现，便出其不意地上前掠捕。因为具有藏身在泥沙中的习性，所以眼睛凸出，而且鳃部向背后张开。

● 仔细看

嘴尖可自由伸缩。

● 繁殖期一到，雌雄便紧紧靠在一起，以直立方式游泳。

■ 袖珍动物辞典

鼠䲗鱼

● 硬骨鱼纲 ● 䲗鱼目 ● 鼠䲗鱼科

鼠䲗鱼分布于热带与温带间的海洋中，体形与牛尾鱼很像，所以常被误认。但有一点不同处，即是体无鳞，非常平滑，腹鳍在胸鳍的前面，体表随时都有粘液分泌。

雄鼠䲗鱼的第一背鳍极高，尤其是成熟的雄鱼，无论体色或体表的斑纹，都和雌鱼完全不同，这或许是为了吸引雌鱼而产生的变化。蓝斑鼠䲗鱼通常生活于外洋，产卵时便游到海岸附近。

赫氏黄盖鲽 全长 40厘米
学名 *Limarda herzensteini*

[食物]

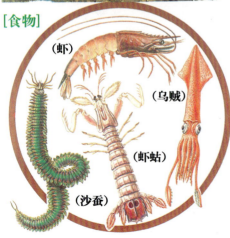

（虾）

（乌贼）

（虾蛄）

（沙蚕）

蝶鱼类的眼睛都长在一侧吗？

鲽鱼类的体形很扁，而且眼睛都长在同一侧，在脊椎动物中，身体左右完全不平衡的只有鲽鱼类而已。

当游水时，身体左右摆动，但看起来却像尾巴上下挥动着往前游。通常眼睛偏向右方的称为鲽鱼，偏向左边的称为鲆鱼，但也有不少例外。

鲽鱼通常躲在沙中，只留眼睛在外面，而且体色随周围环境而变，极不容易被发现。

● 鲽鱼的生活

● 仔细看

通常身体一半以上埋在沙中，只露出眼睛；当有猎物出现，便猛地跃出捕捉，吃完食物后，马上又用鳍拨沙，再度躲进沙中。

● 仔细看

随着四周环境而变色，在5分钟之内，便变得与周围景物难以分辨。

[鲽鱼眼睛的变化]

①

②

③

④

⑤

🔵**各式各样的鲽鱼**

棘鲽
Platichthys stellatus
全长 25~35厘米

石鲽
Kareius bicoloratus
全长 40厘米

🟢**仔细看**

①、②鲽鱼类的幼鱼和其他的幼鱼一样，眼睛生在两侧，并且游水姿势也无不同。

③~⑤等完全成熟后，则仿佛有一只眼睛是长在头上，骨碌骨碌地转。由于眼睛位置移动，游泳的方法也改变了，看起来好像侧着身体一般。

窄鳞庸鲽
*Hippoglossus
stenolepis*
全长 2米

- 窄鳞庸鳞长达3米左右，是
  鲽鱼类中最大的一种。

曲头右鲽
*Glyptocephalus
stellen*
全长 45厘米

油鲽
*Microstomus
achne*
全长 40厘米

■袖珍动物辞典
鲽鱼
●硬骨鱼纲 ●鲽目 ●右鲽或左鲽科
鲽目约有600多种种类，通常鲽鱼为鲽
科鱼类的总称，鲽鱼与鲆鱼皆属于侧
泳目(Pleuronecti-formes)的鱼类。鲽鱼
具有大而灵活的眼睛，身体扁平，身
体的两侧均有鱼鳞和侧线，部分种类
生活于河川或湖沼等淡水中，是一种
极具攻击性的肉食鱼，窄鳞庸鲽是其
中体型最大的一种。
春夏为其产卵期，通常在浅处产卵，
是极为美味的食用鱼。

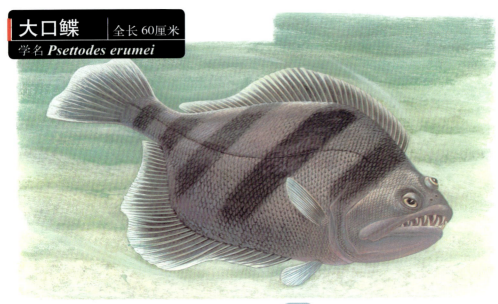

大口鲽 全长 60 厘米
学名 *Psettodes erumei*

[大口鲽的特征]

大口鲽

鲽鱼

○ 仔细看

大口鲽嘴的大小和鼻孔的位置，都在脸部的中央，背鳍从眼睛的后方开始延伸，侧线的延伸与其他鱼类相似，胸鳍在身体的下方，嘴部开口延伸到身体的另一侧，有许多一般鲽鱼类所没有的特征。

❓ 大口鲽是原始的鲽鱼类吗？

大口鲽是鲽鱼类中，保持最原始体型的一种，其腹鳍的构造和位置与鲈目极相似，所以被认为是由鲈目进化成鲽鱼类的中间种类。

每一条鱼的后代，其眼睛偏左和偏右者各占一半。

■ 袖珍动物辞典
大口鲽
●硬骨鱼纲 ●鲽目 ●大口鲽科

大口鲽分布在台湾近海以南，大口鲽的背鳍与腹鳍上的刺与属于鲈目的种类相似，且常保持着左右对称的形式，可说是具有鲈目与鲽目的共同特征，所以被认为是由鲈目进化为鲽目的过程中，所产生的中间种。

巨菱鲆 | 全长1米
学名 *Scophthalmus maximus*

[食物]

（虾）

（玉筋鱼）

（日本鲬）

"海中强盗"是指哪种鱼？

鲆鱼与鲽鱼相反，眼睛长在身体的左侧，与鲽鱼均为夜间捕食，但其习性比鲽鱼更为凶暴贪食，有"海中强盗"之称。它们具有尖锐的牙齿，不仅虎视眈眈地守着猎物，且当猎物渐渐接近时，会突然跃出捕食。

○ 鲆鱼不像鲽鱼以沙蚕为食，鲆鱼擅长捕食小鱼。

● 比目鱼的同类

牙鲽
*Paralichthys
olivaceus*
全长 80厘米

黑斑鲆
*Scophthalmus
rhombus*

桂皮扁鱼
*Pseudorhombus
cinnamoneus*
全长 30厘米

达摩鲽
*Engyprosopon
grandisquama*
全长 12厘米

● 仔细看

鲆鱼眼睛的位置随着年龄
的成长而有所变动。

■袖珍动物辞典
鲆鱼

●硬骨鱼纲 ●鲽目

鲆鱼类包括鲆科和大口鲽科两种，大约
有200种，分布于热带到温带的海域里。
大部分的鲆鱼种类，其雄、雌的形态
都会有所差异，尤其是大口鲽科，更
是显著。

西洋大鲆生活于水深70米以下，雌鱼于
春天产卵，一次可产下约1000万个浮游
性卵，是鲆鱼中最大型的一种，渔获量
也最多。鲆鱼是极受欢迎的一种食用鱼
之一，尤其在冬季的肉味更佳。

细斑鳎沙 | 全长 16 厘米
学名 *Heteromycteris japonicus*

[食物]

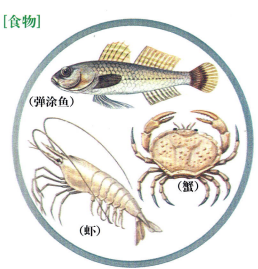

（弹涂鱼）

（蟹）

（虾）

很难让细斑鳎沙移动吗？

　　细斑鳎沙是鲽鱼中体型最为进化的一种鱼类，通常栖息于沿岸，但是其扁平的身体常紧靠着海底，以捕食沙中的小虾、蟹、小鱼为生，固定力很强，除非有相当大的力量，否则很难使它移动。

细斑鳎沙不仅会游泳，更能利用鳍在水底行走，它们用鳍抵住海底，身体就会像滑行一般地前进。

鲽鱼类的体形

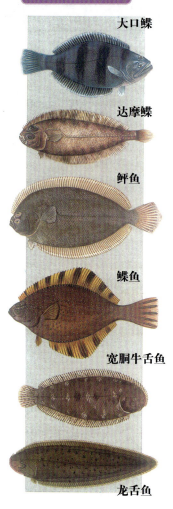

大口鲽

达摩鲽

鲆鱼

鲽鱼

宽胴牛舌鱼

龙舌鱼

各式各样的牛舌鱼

斑鳎沙
Zebrias zebra
全长 25厘米

日本缨唇牛舌鱼
Paraplagusia japonica
全长 30厘米

乔氏龙舌鱼
Cynoglossus joyneri

■袖珍动物辞典

细斑鳎沙

●硬骨鱼纲 ●鲽目 ●鳎沙科

细斑鳎沙的体形呈卵状，在欧洲是常见的一种鲽鱼类，背鳍的长度与体长相当。通常是定栖性，生活于沿岸、河口等处。

虎河鲀 | 全长 70厘米
学名 *Takifugu rubripes*

（蟹） （沙蚕）

（蚌贝）

（螺贝）

[食物]

🔧 哪种鱼的身躯是圆滚滚的？

河鲀具有众所皆知的圆滚滚身躯，大部分生活在海中，但在淡水及海、淡水汇合处亦可发现。它们在水中吹动水和空气，使泥沙飞起，然后捕食躲在沙中的生物。因为牙齿和颚很坚硬，所以连极硬的贝壳也能咬碎。

🔍 仔细看

河鲀的口部与整个身体比较，显得很小，口中上下颚各有一对齿板，齿板由许多小齿愈合成为板状，嘴形看起来像鸟喙的形状，十分坚硬。

● 河鲀的生活

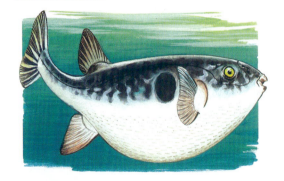

● 仔细看
河鲀遇到敌害时，会吸入空气和水，使腹部膨胀起来。

● 仔细看
连接胃部的袋子称为膨胀囊，是由胃的一部分进化而成。吸入空气和水后，身体大约会变大一倍。以虎河鲀为例，孵化两个星期以上的稚鱼，已有这种膨胀身体的能力。

● 河鲀很善于潜入沙中。

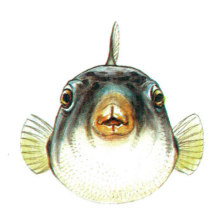

● 从正面看河鲀。

● 河鲀具有河鲀毒$C_{13}H_{19}N_3O_9$(Tetrodotoxin)，毒性极强，可以使大部分的动物中毒死亡。

226

[河鲀类的腹鳍变化]

花斑皮剥鲀

曳丝单棘鲀

三齿鲀

河鲀

● 各式各样的河鲀

大洋河鲀
*Lagocephalus
lagocephalus
oceanicus*
全长 40厘米

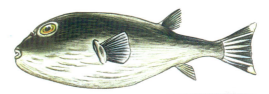

皱腹河鲀
*Liosaccus
pachygaster*
全长 40厘米

星点河鲀
*Takifugu
niphobles*
全长 20厘米

● 仔细看

河鲀的相近种类中，花斑皮剥
鲀的背鳍有极发达的刺，电丝
单棘鲀的已稍微退化，三齿鲀
已完全没有。

腹纹白点河鲀
*Tetraodon
hispidus*
全长 48厘米

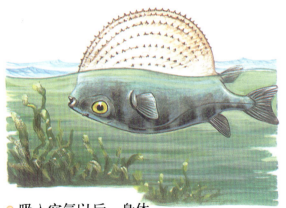

○ 吸入空气以后，身体
倒立的滑背河鲀。

横带河鲀
Canthigaster valentini
全长 12厘米

星斑河鲀
Tetraodon stellatus
全长 55厘米

鲭河鲀
Lagocephalus lunaris spadiceus
全长 35厘米

黄星河鲀
Tetraodon fluviatilis
全长 20厘米

■袖珍动物辞典

四齿鲀

● 硬骨鱼纲 ● 鲀目 ● 四齿鲀科

鲀类分布于温带到热带地区，大约有100种，具有圆滚滚的身体，强韧的皮肤，鳞片变形而成为刺。当身体膨胀时，刺便会直立。

产卵由春天到夏天，产卵的地点因种类的不同而有所不同，有的在海边，有的在深海中。由于河鲀有毒，烹调时必须十分小心。星点河鲀被认为是毒性最强的一种。

翻车鱼 | 全长 3 米
学名 *Mola mola*

看起来像只有头部的是哪种鱼？

　　翻车鱼的体形十分有趣，是河鲀的同类，整个躯体看起来没有后半部，只有头部。尾鳍仿佛和背鳍、腹鳍相连，所以被称为舵鳍。游泳时，背鳍和腹鳍互相交叉摆动，借以保持身体的平衡。

🔵 翻车鱼的生活

🟠 翻车鱼以浮游生物和水母为食。

长翻车鱼
Ranzania leavis
全长 8 米

🟢 仔细看

翻车鱼的
正面图

长翻车鱼是翻车鱼的近种。体形会随着成长而有所改变(①~④图)。

🟢 仔细看

翻车鱼在成长过程中体形渐渐地改变。刚孵化的稚鱼有2.5厘米，有尾鳍且体形和一般鱼类相似，渐渐地全身长出像刺一般的东西，尾鳍消失。①~③的时期称为臼鳍期。

🟥 袖珍动物辞典

翻车鱼

● 硬骨鱼纲 ● 鲀目 ● 翻车鱼科
翻车鱼科有3属，口极小，皮肤和橡胶一般的厚而且富弹性，无鳞片。翻车鱼分布于热带及温带的地区，悠哉地游于外洋的水面上，前进后退时，鳃孔中便会喷出强劲的水流。口部也会喷水，游泳的速度并不快，与河鲀一样有许多细小的牙齿，并且能发出"咯咯！咯咯！"的叫声。

刺河鲀 | 全长 40厘米

学名 *Diodon holacanthus*

哪种鱼犹如身穿铠甲？

　　刺河鲀是四齿鲀的同类，在水中遇到敌人时，便吸入海水，使腹部膨胀，把身上的针竖立起来。刺为鳞片变形而成，极为坚硬，最长可达到5厘米左右，对皮肤具有铠甲般的保护作用，没有毒性。

斑点刺河鲀
Diodon hystrix
全长 50厘米

● 仔细看

由于肋骨完全退化，因此身体膨胀时会变得圆滚滚的，像有针的皮球一般。

■ 袖珍动物辞典

刺河鲀

● 硬骨鱼纲　● 鲀目　● 二齿鲀科

刺河鲀是生活于暖海的鱼类，约有15种，体形大致与四齿鲀相同，体表充满了坚硬的刺，遇到敌害时，腹部会立刻膨胀，刺也一枝枝地竖立起来，这些刺并没有毒，但却可以对付一般的攻击，不过，一旦遇到大型的鲨或鲔鱼时，便会被吞食。

春夏季间，会在沿岸附近产下直径约1~2毫米的卵，有些地方的人会捕食其卵。

花斑皮剥鲀 全长 25厘米
学名 *Balistes conspicillum*

[食物]

(虾)

(蟹)

(海胆)

❓ 花斑皮剥鲀有花斑吗？

脸部十有趣且具有十分美丽体色的花斑皮剥鲀是河鲀的同类。小小的口中有上下8颗像凿刀一般尖锐有力的牙齿，咬力甚强，连螃蟹、海胆等硬壳也能嚼碎。腹鳍有明显的变态。

🔵 仔细看

先吸水再用力地喷出，然后捕食沙里的蟹。

花斑皮剥鲀的生活

每当两条花斑皮剥鲀相遇时，便倒立竞赛，维持倒立姿态时间较久的一方为胜利者。

遇到危险时，立刻逃往附近的岩洞中，而且背鳍会竖立起来，由于背鳍上有强大的刺，所以可支撑在岩洞中不会被大鱼从岩洞中拖出来。

[背鳍的收叠方法]

被敌害惊吓时会"咕咕！咕咕！"地发出极大的声音，把敌人吓跑，这是由于利用牙齿及肩部骨骼摩擦而影响到鱼鳔发出的声音。

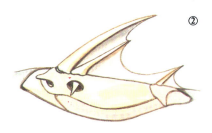

晚上在岩缝中睡眠，有时会将身体横躺。

①、②第一背鳍的第3根刺往后依序重叠，收入背部的沟中。③第2根刺牢牢地固定。

各式各样的皮剥鲀

扁尾皮剥鲀
Abalistes
stellatus
全长 30~70厘米

多棘皮剥鲀（毕卡索鱼）
Balistapus aculeatus
全长 20厘米

加罗琳皮剥鲀
Balistes
carolinensis

○ 皮剥鲀目的体色和外表，十分美丽而显眼，其中南太平洋产的多棘皮剥鲀更是具有华丽而复杂的图案，有如画家毕卡索的作品，所以被称为"毕卡索鱼"。

■**袖珍动物辞典**
花斑皮剥鲀

● 硬骨鱼纲 ● 鲀目 ● 皮剥鲀科

花斑皮剥鲀分布在暖海地区，约有20种，在太平洋地区有较多的种类，大西洋区则较少，通常单独生活于大海中。体色美丽而有斑纹的花斑皮剥鲀是鲀类中，身体各部分特化较少的一种。左右扁平的身体表面，有坚硬的骨质皮肤覆盖。腹鳍的演化程度极大，左右两侧的刺愈合而成为一根。

与四齿鲀相比较，花斑皮剥鲀中具有毒性的种类较少，但是红齿皮剥鲀是颇具毒性的一种。有部分种类可供食用。

波纹皮剥鲀
Balistapus
undulatus
全长 30厘米

曳丝单棘鲀 全长 25厘米
学名 *Stephanolepis cirrhifer*

❓ 单棘鲀的毒刺长在哪里？

单棘鲀也是河鲀目的一种，在海边经常可看到，尤其是海草多的地方。

身上布满坚硬细小的鳞毛，形成强韧如鞣皮的皮肤，因此在澳洲地区叫做皮上花鱼(Leatha Jacket)，口部和其他河鲀类一样的小，牙齿十分尖锐且强而有力，第一背鳍是一根小型毒刺。

● 各式各样的单棘鲀

蓝艳单棘鲀
Brachaluteres ulvarum
全长 10厘米

多须单棘鲀
Chaetodermis penicilligera
全长 12~25厘米

■ 袖珍动物辞典
单棘鲀

● 硬骨鱼纲 ● 河鲀目 ● 单棘鲀科

单棘鲀是一种广布于热带地区，身体左右扁平的河鲀目鱼类。其第一背鳍已退化成一根刺，每当它遇到敌人，便会立刻竖立起来，腹鳍为可动性的短刺。在夏季产卵，孵化后不久的稚鱼随着流藻一起生活，成长后则移往岩礁地带生活。是一种食用鱼，因其皮肤非常强韧，所以需先剥皮才可能用，剥皮鲀之名即由此而来。

点斑铠鲀 全长 15 厘米

学名 *Ostracion cubicus*

哪种鱼像直升机般摆动?

鲀类之中的铠鲀科其身体有棱角,游水姿态十分有趣。铠鲀只有鳍、口和眼睛可以动,身体为硬鳞所披覆,所以完全靠鳍慢慢地上下、前后、左右摆动,很像直升机的摆动。

此外,其身体也不能像其他的鲀类,能胀大或弯曲,由于鳃盖无法活动,只能随时张开口部让水从口腔流入鳃部,用突出的嘴捕食附在岩石上的小型动物。

[食物]

（石鳖）

（笠鱼）

（沙蚕）

○ 幼鱼的棱角还不太明显。

● 仔细看

成鱼由正面看,既像三角形,又像四角形。

● 铠鲀的生活

● 当遇到敌害时，便从身上分泌一种称为铠鲀毒的毒素来，把其他的鱼类吓跑。

● 把吸进的水用力喷出，吹开泥沙，捕食沙中的沙蚕等猎物。

● 各式各样的铠鲀

角棘四棱铠鲀

三棱铠鲀

五棱铠鲀

海燕四棱铠鲀

■袖珍动物辞典

铠鲀

● 硬骨鱼纲 ● 河鲀目 ● 铠鲀科

所谓铠鲀，并不只包括铠鲀科的鱼类，而是指须鲀等具有坚硬皮肤的铠鲀亚目鱼类的总称，生活于热带海域中。变成六角形的小型鳞片，形成坚硬的甲，覆盖在身上。在眼睛的上方和背部、腹部均有锐利的刺。尾鳍能灵活地运动，具有掌舵的功能。

通常它们单独地在深海处慢慢地游着。体表所分泌的"铠鲀毒"对脊椎动物有溶血作用。雌铠鲀在夏季产下直径约2毫米的浮游性卵。

鳝鱼

全长
25~80厘米

学名 *Monopterus albus*

❓ 鳝鱼和鳗鱼是什么关系？

鳝鱼英文名字叫做稻田鳗(rice field eel)，顾名思义即生活于水田或泥沼中的鱼，虽然英文名叫"鳗"，可是和鳗鱼一点关系也没有，在氧气稀少的水域里也能生存。鳃部退化，主要以口部呼吸，咽喉和肠也能呼吸，经常把头伸出水面呼吸。

■ 袖珍动物辞典

鳝鱼

● 硬骨鱼纲 ● 鳝鱼目 ● 鳝鱼科

鳝鱼的体型和鳗很相似，但两者却无类缘关系。无胸鳍、腹鳍，背鳍和臀鳍上无棘条。幼鱼时全部都是雌性的，成长后变为雌雄同体，然后再完全成为雄性的鱼。到了产卵期间，雄鱼用吐出的粘液所形成的泡沫筑巢。雌鱼产卵后，雄鱼即将卵含在口中，吐在气泡下。卵和幼鱼均由雄鱼照顾。

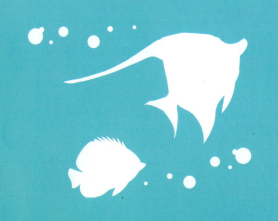